わが子からはじまる
クレヨンハウス・ブックレット　010

城南信用金庫の「脱原発」宣言

城南信用金庫理事長
吉原毅

はじめに ……… 2
第1章　全原発が停止しても、問題は何も起きなかった ……… 5
第2章　金融機関が脱原発？ ……… 20
第3章　原発を止めるための第一歩 ……… 40
第4章　脱原発と脱拝金主義 ……… 56
　　　　Q&A　質疑応答

本書は、2012年2月19日にクレヨンハウスで行われた「原発とエネルギーを学ぶ朝の教室」での講演をもとに、2012年6月10日現在の状況やデータに基づき加筆・修正のうえ、再構成したものです。本文中の注と資料は、編集部作成。

クレヨンハウス

はじめに　全原発が停止しても、問題は何も起きなかった

２０１２年５月５日の子どもの日に、日本にあるすべての原発が停止しました。子どもたちのための祝日だから、ここらで原発もお休みしたかったのでは……。そんな冗談が言いたくなるくらい、明るくうれしいお知らせでした。前年の３月に福島第一原子力発電所の悲惨な事故が起きて以来、日本中に重苦しくやりきれない思いが続いていました。

でも、テレビで「すべての原発が停止した」というニュースが流れた瞬間、とにかくよかったとうれしさがこみあげ、何かとても明るい気持ちになりました。うれしくて、近所のひとととも、職場の仲間とも、誰かれかまわず、よかったですね、と笑顔でことばを交わしました。

原発が止まっても、日本は何も問題が起きませんでした。それがわかったことが、今回の全原発停止の大きな、大きな収穫だったと思います。

原発の事故以降、新聞やテレビでは「原発がすべて止まると、電気が足りない」「このままでは、日本経済はたいへんなことになる」というキャンペーンが、何度も何度もくり返されてきました。もちろん、それは正しいはずがないと確信していましたが、政府や電力会社などから何度も言われると、さすがに心配になってきます。でも、それが事実ではなかったことが明

一人ひとりが、そして一つひとつの企業が地道に節電に取り組めば、一歩間違えば取り返しのつかない危険な原発をあえて稼働させなくても、まったく問題は生じない。そのことが、これで証明されたと思います。政府や電力会社が、原発を何とか稼働させようとあれこれしてきたにもかかわらず、すべての原発が停止しました。それを実現したのは、一人ひとりの市民、こころある企業の真剣な努力の結果であり、またデモや討論会に参加されたみなさん、こころある国会議員、地方自治体の首長の方々のご努力のたまものです。

しかし、せっかく止まった原発を、まだまだ動かしたいというひとたちは少なくありません。なぜなら原発稼働には、巨額なお金がからんでいるからです。お金はひとのしあわせにつながるたいせつなものですが、ひとのこころを惑わせる不思議な麻薬でもあります。たとえ間違っていることでも、お金がからむとやめられなくなり、ひとのこころを奪って、暴走させます。

経済ということばは、あたかも実体のあるもののように思われていますが、その正体は、お金というエゴイズムの化身が世界を動かしているという、ひとつの特殊なパラダイム（ものの見方）から見た幻想にすぎないのです。経済とか商品とか市場とかビジネスとかいったものは、すべてそうした特殊なパラダイムが生み出した幻想世界の現象といえるのです。お金自体に価値はありません。そしてひとは、お金をもてばもつほど、不安になり、孤独になっていきます。

つまり、お金とは自由主義、個人主義という理想がもつ裏の顔であり、中毒性の強い麻薬で

はじめに　全原発が停止しても、問題は何も起きなかった

もあるのです。国家やコミュニティがそれを暴走させないように、健全にコントロールしなければならない存在なのです。

しかし戦後の日本は、自由と豊かさを追求した結果、家庭や地域、学校や企業などの共同体を次々と破壊し、良識と道徳を捨てて、拝金主義と市場原理主義、グローバリズム（政治や経済、文化などが、世界で一体化、一極化していくこと）に行き着きました。それが原発問題の複雑さ、手ごわさの大きな要因にもなっていると思います。そしてそこから目を覚ますことが、原発を止めるために、いま必要ではないでしょうか。

人類の歴史は、お金との戦いの歴史です。そしてわたしたち信用金庫は、お金の弊害を是正するためにつくられた協同組織の金融機関です。そうした根底的な問題意識から、原発問題を考え直し、原発のない安心できる社会をつくるため、どんなことがあろうとも希望を失わず、今後とも取り組んでいきたいと思います。

2012年6月10日

第1章　金融機関が脱原発？

● 信用金庫の原点は協同組合

はじめに、信用金庫について少し説明します。**信用金庫というのは、協同組合主義による金融機関のこと**です。協同組合は、1844年に英国のロッチデールで創立された世界初の協同組合である「公正先駆者組合」がモデルになっています。

産業革命がはじまった当時の英国は、チャールズ・ディケンズ（*1）の小説『オリバー・ツイスト』に出てくるような世界でした。エンクロージャー（*2）といって、地主が土地を囲い込んで私有化し、農民を土地から閉め出してしまいました。農民はといえば、都市部に出ていき、工場労働者として働くしかありませんでした。女性も子どもも、もちろん男性も、相当に過酷な労働を強いられていました。産業革命によって、あまりにも貧富の差が拡大してしまい、お金にふりまわされて、社会は混乱をきわめていました。

そんな状況を改善しようと、都市部にキリスト教的なコミュニティが生まれます。さらに、みんなで助け合ってしあわせになれるようにと、働いているひとそれぞれがお金を**出資して**、「ひとり一票」の平等な原則で話し合って経営を行うために、協同組合ができました。

図1／金融機関における信用金庫の位置づけ

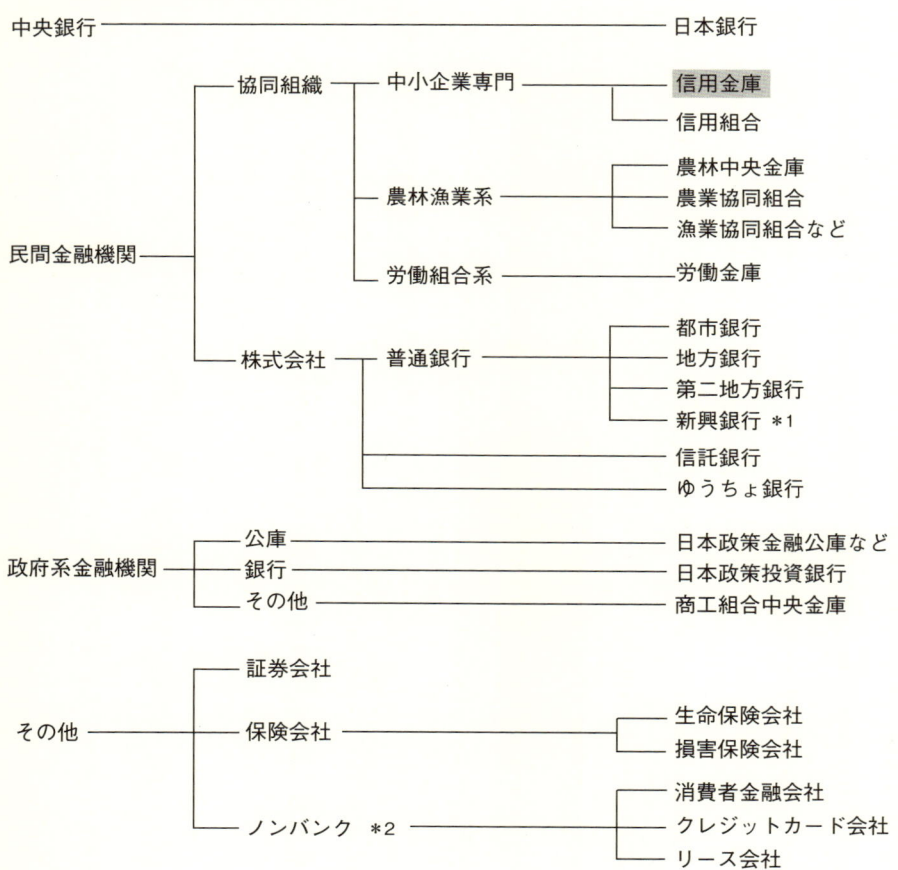

*1 新興銀行……セブン銀行、ソニー銀行、ジャパンネット銀行、住信SBIネット銀行など
*2 ノンバンク……融資は行うものの預金は受け付けない、銀行ではない金融機関

日本では、1900年に産業組合法というのができたのに、かつての英国と同じように産業革命の真っ最中でした。当時の日本は、富国強兵のために、中小企業も育成しなければ、日本の経済は不安定になってしまう。そんななかで、大企業ばかりでなく中小企業も育成しなければ、日本の経済は不安定になってしまう。自由経済や自由競争の弊害を是正して、みんながしあわせに暮らすために、日本にも協同組合運動を導入しようということで、いまの農協、生協、信用金庫などが誕生しています。

株式会社は、利潤の追求を目的としています。株主総会では、一部の投資家の意見で決議されます。大多数が反対しても、株式を多くもっている株主が賛成だと言えば、それですべてが決まってしまいます。そうした金と力にまかせた株式会社のやり方はおかしいだろう、ということで、お互いに助け合う協同組合が生まれてきました。

ところで、日本でいちばん古い信用組合ができたのは、1902年です。千葉県の上総一宮藩の最後の藩主である加納久宣、この方は廃藩で子爵になりましたが、東京都大田区の山王に自邸があありました。地域の貧しいひとたちを救うためには、経済をもっと活性化させなければいけない、貧富の差は教育の差が原因だから、子どもたちに教育を受けさせるために教育資金を集めようということで、信用組合をはじめました。加納久宣は、「一にも公益事業、二にも公益事業、ただ公益事業に尽くせ」ということばを遺しましたが、これは信用金庫の使命を表わしています。

信用金庫は、商人がお金をもうけるためにつくった銀行とは違って、町長など地域の有力者

図2／民間の金融機関の数（2012年5月11日現在）

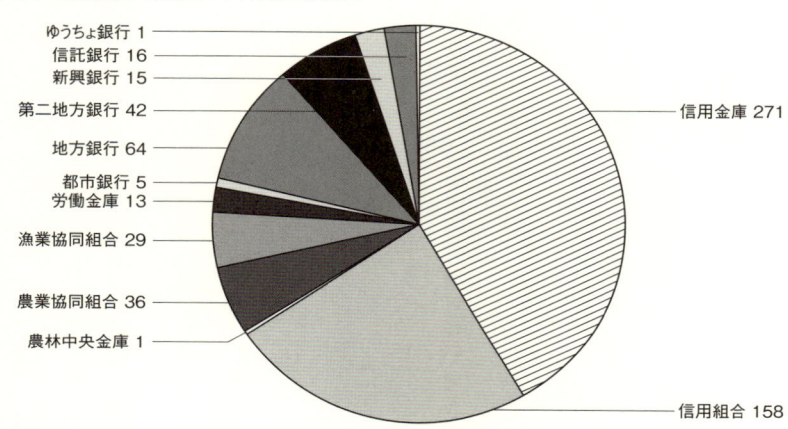

- ゆうちょ銀行 1
- 信託銀行 16
- 新興銀行 15
- 第二地方銀行 42
- 地方銀行 64
- 都市銀行 5
- 労働金庫 13
- 漁業協同組合 29
- 農業協同組合 36
- 農林中央金庫 1
- 信用金庫 271
- 信用組合 158

参照／金融庁「免許・許可・登録等を受けている業者一覧」の数字をもとに作成

たちが地域の発展のために、町役場の中などにつくった公共的な金融機関で、社会貢献からはじまったものです。

あまり知られていないかもしれませんが、2012年は、国連が定めた「国際協同組合年」です。これが決まったのは2008年で、米国のサブプライムローン問題（*3）に端を発したリーマン・ショック（*4）があった年です。

それまでの世界経済は、米国が中心となって、グローバリズムが進んできました。そして米国が情報と金融で世界を席巻しようとしたところで、リーマン・ショックが起きてしまいました。サブプライムローン問題というのは、借りたひとが返済できないような住宅ローンを貸し付け、それを証券化して、さらに世界中に売ることです。米国は世界中からお金を集めて、わが世の春を謳歌しました。よくとれば、物価が下

資料1／城南信用金庫の原点（広報誌「ディスクロージャー」より）

> もともと人々の幸せのためにお金があるはずですが、
> ともすると、人はお金に目を奪われて、それを忘れがちです。
> 個人主義や、お金がすべてという考え方は、
> 貧富の差を生み、人々をバラバラにします。
> お金よりも人を大切にしなければ、世の中はおかしくなります。
> 人と人とのつながりを復活させ、皆を明るく元気にするために
> 信用金庫は生まれました。
>
> 信用金庫は、困っている人に手を差しのべます。
> 思いやりや人の気持ちを大切にします。
> それこそが協同組織金融機関である信用金庫の精神であり、
> いつの時代も決して変わることのない、私たちの原点です。

がり続けるデフレになるところを回避していたともいえますが、むりやり経済を繁栄させていたのです。それが限界に達して、からくりがわかってみると、じつは不良債権だったわけです。世界中でサブプライムローンに対する失望感が高まり、一斉に投げ売りになって、米国の証券会社がことごとくつぶれました。投資銀行の施策が失敗に終わったのです。リーマン・ショックはいろいろな問題を抱えていますが、ひとつはっきりと言えるのは、金融や株式市場といった資本主義社会はとても危ういものだ、ということが明らかになったことです。

そんな背景から、「国際協同組合年」が定められました。**「協同組合こそが、女性・若者・高齢者・障がい者・先住民族を含むあらゆるひとびとの経済社会への最大限の参加を促し、貧困の根絶に寄与し、よりよい経済社会の開発に

貢献できる」と期待して、2012年を協同組合の活動を広める年にしよう、となったのです。

経済学者のアダム・スミス（＊5）は「経済学の父」と呼ばれていますが、市場をすべて自由にしたら、世の中はうまくいくんだ、というようなことを言いました。しかし彼は道徳哲学者でもあって、『国富論』の前に、『道徳感情論』という本を書いています。これは、人間はやっぱり道徳が大事なんだ、という話です。

もう少し説明しますと、中世のキリスト教社会というのは、カトリック教会が教義書に基づいて、こうしなさい、あれはしてはいけない、というルールを示す社会でした。神様がこう言っているから、聖書にこう書いてあるから、というわけです。それに対してアダム・スミスは、神様の言うことばかりでなく、道徳が大事だと考えました。大勢のひとと話し合い、お互いに意見を言うことで、ある種の公正な第三者、観察者の視点が生まれます。そうしたコミュニティのなかで生まれる良心、つまり道徳に従うことが大事なのだ、と言っています。

アダム・スミスは『国富論』のなかで、みんながしあわせになる方法、つまり個々人が独立して、コミュニティが守られ、国が互いに発展して平和共存の世界をつくるにはどうしたらいいのかを考えました。当時はスペインが金（きん）を独占して世界を支配しようとしていました。いまのグローバリゼーションと同じで、それだと国と国との戦争になってしまう。道徳心を大事にするアダム・スミスは、適正な自由貿易のなかで財貨を獲得し、内需を拡大し、それぞれの国が工夫しながら経済を高めていくのがいいのではないか、と説いたわけです。

さらに、株式会社についても『国富論』の中で、こう言っています。「株式会社は株主の利益のみを追求する傾向があるため、国家にとっては株式会社が増えることは、道徳的な問題も含めて、望ましくない」と。本来あるべき会社というのは、トップが責任をもって従業員のことを考え、長期的に安定して維持していくべきで、会社とは自分のしあわせと同時に、みんなのしあわせのためにあるのだと、アダム・スミスは言っているわけです。

＊1 チャールズ・ディケンズ……英国の作家（1812～1870年）。『オリバー・ツイスト』は、孤児のオリバーがさまざまなことを経験しながら、成長する姿を描いたディケンズの代表作。そのほかの著作に『デイヴィッド・コパフィールド』、『大いなる遺産』、『クリスマス・キャロル』などがある。

＊2 エンクロージャー……「囲い込み」といって、領主や大地主が、それまで共同で利用してきた土地の共同用益権を排して私的所有権を主張し、農地を囲い込んで農民を追い出したことをいう。16世紀の第一次エンクロージャーでは牧羊業が進み、18世紀に行われた第二次エンクロージャーでは集約農業（手間もお金もかけて、収穫を増やす農業）が進められた。

＊3 サブプライムローン問題……低所得者向けの住宅ローン。2000年から2007年頃まで、米国では不動産価格がどんどん値上がりしていたため、購入する住宅を担保に低所得者にお金を貸し付けていた。しかし、ローンを返済できなくなるひとが増えるにつれ、担保として回収した住宅が市場にあふれて値下がりし、住宅バブルが崩壊。サブプライムローンを証券化して投資することでもうけていたヘッジファンドなどが、つぎつぎと破綻することになった。

＊4 リーマン・ショック……サブプライムローン問題で多大な損失を抱えた投資銀行のリーマン・ブラザーズが、2008年9月15日に破綻し、世界的金融危機の引き金となった。日本でも超円高が進み、輸出産業が大きなダメージを受けた。

＊5 アダム・スミス……英国の経済学者、哲学者（1723～1790年）。『道徳感情論』や『国富論』（『諸国民の富』、原題『諸国民の富の性質と原因の研究』）を著した。

● 震災が起こって考えたこと

わたしが城南信用金庫（＊6）の理事長を拝命したのは、２０１０年１１月１０日です。わたしは原理原則論者なので、その際に、信用金庫は何のために経営を行っているのか、という原点（9ページ・資料1）に立ち返ろうと思いました。そして、**信用金庫は地域のみなさんのためにあるのだから、地域のみなさんのために働かなければならない**、という方針を立てました。

そんなときに、東日本大震災が起きたわけです。テレビをつけたら、本当にこの世の終わりのような状況が続いていました。

まずは、何としても東北を応援しなければならない、と思い、当金庫で何とか３億円をひねり出して寄付をしました。それから地域の方々にも義援金を募集したところ、１億３千万円集まりました。

さらにお金だけではなく、もっと何かできることはないだろうかと、ボランティア休暇の制度をつくり、約１４０名の職員が現地で炊き出しなどをしました。同じ日本人として、同じ人間として、このような事態に黙っていることはできない。それは個人としてもそうですが、企業としても、何かできることをすべきだろうと考えたからです。

こうした支援は、多くの企業で努力されています。大企業でいえば、三菱商事やクロネコヤマト、ヤマザキパンなどがすばらしい取り組みをされています。いろいろな企業が、それぞれの得意分野をいかしたかたちで支援をしているのは、すばらしいことだと思います。

12

資料2／「移動図書館しらうめ号」による城南信金の被災地支援の取り組み

2012年1月16日より、マイクロバスを改造した図書館車両のしらうめ号・しらうめ2号で岩手県石巻市内の仮設住宅を訪問し、本の貸し出しを行っている。本は寄贈されたもので、車両は城南信金が経費を負担。現在は城南信金が1週間6名のボランティアを派遣しているが、今後は設立準備中の「NPO法人しらうめ」に寄付され、業務を移管する予定。絵本や本、コミックや雑誌まであり、利用者は子どもから高齢者まで。またコーヒーやポップコーンのサービスもしている。

「NPOしらうめ」のサイト（http://www.shiraume.org/）で活動を紹介している。

一方で、福島第一原発の事故に対しては、手も足も出ないという状況でした。水素爆発した瞬間、会社で映像を見ていましたが、「社員を避難させたほうがいいんじゃないか」という話が出ました。「じゃあ、わたしのように50歳を超えている者だけ残って、若いひとたちには避難してもらおう」と言ったところ、「でも職員だけ避難しても、お客さまはどうなるんでしょうか」と尋ねられてしまいました。非常に混乱しながら、トップなんてなるものじゃないなと思いましたが、決断しなければいけないので、状況を注視していました。

そうしたら今度は、水道水から放射性物質が検出されました。このときも、社内で「ペットボトルの水を買おうか」という話がありました。これにも原理原則で対応することにして、まずは女性や子どもたちのためにも、自分たちは水を買わないようにしよう、と指示しました。

また、被災した福島のあぶくま信用金庫から、採用内定をしながら取り消さざるを得ないひとたちがいるので、引き受けてもらえないかという話がありました。

信用金庫は全国に271あって担当する地域がそれぞれ決められているのですが、あぶくま信金では全国に7店舗が避難指示が出された地域にあって、当然お客さまも避難するし、店舗も営業できない……。相当なダメージが予想されるので、今年の採用内定は取り消した、ということでした。もちろん、全員お越しくださいと言いまして、希望者4名を採用しました。そのほかの被災地の信金にも、よろしければ東京で働きませんかと声をかけて、岩手の宮古信金から6名を受け入れることになりました。

この話を最初に聞いたとき、ふるさとを失うというのはこういうことなのかと、愕然としました。わたしは東京の大田区出身で、職場も近隣にあり、この地域でいろいろなお客さまとお知り合いになり、地元にはひときわ愛着があります。コミュニティのたいせつさは、日頃から強く実感してきました。それを思うと、**先祖代々暮らしてきたそのふるさとを、いきなり失ってしまった方々にとっては、どれだけ衝撃的なことか……**。

しかも福島県では、かなりの地域が放射能に汚染されてしまいました。小出裕章（*7）さんによりますと、考えられないことに、放射線管理区域と同じくらい高い放射線量の地域で、多くのひとたちが日常生活を送っているのだそうです。

そうしたとてつもない状況にもかかわらず、はっきりしないマスコミの報道や、東京電力の無責任な対応、政府のあいまいな対処を見ていますと、どうしてこんな事態になってしまったのかと考えると同時に、いまこそ、企業としてやるべきことがあるはずだ、と思ったわけです。

*6　城南信用金庫……1945年に東京都城南地区の15の信用組合が合併し、城南信用組合として発足。1951年の信用金庫法の施行に伴い、信用金庫に改組。地域に根ざした協同組織の金融機関として、「中小企業の健全な育成発展、豊かな国民生活の実現、地域社会繁栄への奉仕」の3つの経営理念を掲げている。東京都、神奈川県で85店舗を展開し、信用金庫では預金量で第2位の大手。

*7　小出裕章……原子核物理学者。今回の福島原発事故が起きる前から、およそ40年にわたり反原発の姿勢で活動。小出裕章さん監修の『原発に反対しながら研究を続ける　小出裕章さんのおはなし』はクレヨンハウスより刊行。

● 企業として脱原発のメッセージを掲げる

2011年4月1日から、当金庫は「原発に頼らない安心できる社会へ」という内容のメッセージ（18ページ・資料3）をホームページ上に掲げました。恥ずかしながら、じつは今回の事故が起こるまで、わたしは原子力発電所について深く考えたことがありませんでした。でも、この東京都で原発事故があったら、放射能汚染によって避難しなければならなくなったら……。**こんな危険なものを、これからも続けなければならないのかと考えたら、脱原発を目指すのは、ごく当たり前のことだと思いました。**

ところが今回の事故後には、おかしなことが続けられようとしていました。通常こういった重大な事故が起きたら、たとえば食品の偽装問題のときなどがそうでしたが、マスコミが事実を伝える役割を果たしていましたし、政治家も、とくに行政官が責任ある対応をしていたように思います。**しかし今回は、マスコミ主導で「原発は、止めるわけにはいかない」というメッセージがずうっと流れていました。**

インターネットメディアや中小の出版社、いくつかの雑誌や週刊誌などは、かなり正確に勇気をもって報道してくれていましたが、テレビや大新聞は硬直していたように思います。いつもだったら右と左に分かれるものが、今回は分かれない。右派でも左派でもない東京新聞だけが一生懸命に取り組んでいて、わたしも東京新聞に切り替えました。

とにかく、そういう状況に非常に恐怖感を覚えました。

そして企業として、社会的責任ということばもありますが、ささやかながらできることは、やらなければならない。いまやらなければ、企業人としての誇りはいったいどうなるだろう。企業というものは、金もうけしか考えない臆病者の集団で、どうしようもないものだと、みなさんに思われてしまう。それでは恥ずかしくないだろうかと考えたわけです。きっとほかの企業の方々も、同じように思っているはずなのに……。

ごく当たり前のことを、みなさんにお伝えするのがタブーと思われている、そのこと自体がおかしい。よし、突破口をつくってみよう、と考え、「脱原発」のメッセージを掲げることにしました。

金融機関や企業のトップになったひとのなかには、残念ながら、上にのぼってくる過程でスポイルされてしまう場合があります。また、ひとを操縦するのが得意なひとが、理想や志とは関係なく、社内政治で力を得て、トップになってしまうこともあります。

東京電力の事故後の対応を見ていると、そういう感じがしました。ひとを見た目で判断してはいけないと言われますが、歳をとると、顔つきや目つきを見れば、わかってしまうこともあります。東京電力のトップとして、本当に責任ある対応をしようとしているのか……。混乱はあったかもしれませんが、少なくとも取締役は、まず現地に飛ぶのではないでしょうか。戦場と同じで、指揮官が現地に行かずに遠くから見ているだけでは、状況はわかりません。

責任をとろうとせず、「想定外」とだけ言い放って、ボーナス減額どころか退職金ももらう。

資料3／城南信金が2011年4月1日から掲げている、脱原発のメッセージ

原発に頼らない安心できる社会へ

城南信用金庫

　東京電力福島第一原子力発電所の事故は、我が国の未来に重大な影響を与えています。今回の事故を通じて、原子力エネルギーは、私達に明るい未来を与えてくれるものではなく、一歩間違えば取り返しのつかない危険性を持っていること、さらに、残念ながらそれを管理する政府機関も企業体も、万全の体制をとっていなかったことが明確になりつつあります。

　こうした中で、私達は、原子力エネルギーに依存することはあまりにも危険性が大き過ぎるということを学びました。私達が地域金融機関として、今できることはささやかではありますが、省電力、省エネルギー、そして代替エネルギーの開発利用に少しでも貢献することではないかと考えます。

　そのため、今後、私達は以下のような省電力と省エネルギーのための様々な取組みに努めるとともに、金融を通じて地域の皆様の省電力、省エネルギーのための設備投資を積極的に支援、推進してまいります。

① 徹底した節電運動の実施
② 冷暖房の設定温度の見直し
③ 省電力型設備の導入
④ 断熱工事の施工
⑤ 緑化工事の推進
⑥ ソーラーパネルの設置
⑦ LED照明への切り替え
⑧ 燃料電池の導入
⑨ 家庭用蓄電池の購入
⑩ 自家発電装置の購入
⑪ その他

以　上

本来なら責任をとる立場であるにもかかわらず、身銭を切るという感覚がまるでない。東京電力には、倫理観や道徳観が失われているように思いました。そうした「脱東電」という思いもあって、脱原発のメッセージを掲げました。

それと同時に、これまで保有していた東京電力の株式と社債は、即座にすべて売却しました。金融機関が融資判断を行う際の「5つの原則」というものがあります。それは、安全性、収益性、成長性、流動性、そして公共性です。相手企業が公共性の観点から見て道徳に反する、倫理的に許されない不健全な行為をしていたら、金融機関としては絶対に取引をしてはならない、それが金融業務における基本であり、金融の入門書にも書いてあることです。

今回の東京電力の行動は、企業経営者として最低限守るべき道徳、倫理に反していると言わざるを得ない。わたしたちは企業経営を見るうえで、ヒト、モノ、カネの3要素を見るように教えられてきました。信用金庫は、そのなかでもとくに、ヒトを見て判断します。経営者の考え方や方針が間違っていたら、いくら目先の利益があがろうとも、取引すべきではない。たとえ電力会社であろうと、その原理原則は同じはずです。そう考えて、東京電力の株式と社債を売却すべきと判断したわけです。

第2章　原発を止めるための第一歩

● まずは節電からはじめよう

脱原発のメッセージを掲げたつぎに、脱原発に向けて、何をすべきかを考えました。電気が足りないから原発が止められないというならば、電気消費量に占める原発の比率は約25％ですから、その分の電気を節電すればいいだろう、と。どうしても節電できない病院や工場などと違って、わたしたち金融機関はサービス業であり、お客さまの協力を得ながらやっていければ、それなりに使用電力を減らせるんじゃないか、と考えたわけです。

そこで、まずは建物内の必要のない電気を全部消し、空調設備の使用もやめました。お客さまがいるロビーについてはどうするか迷いましたが、日本はすごいですね、ご年配のお客さまから「こういうときなんだから、電気を消しなさい。戦争中はもっと厳しかったのよ」と逆に叱られまして、ロビーの電気も消すことにしました。

また、照明をLEDに替えれば、電力消費が蛍光灯の3分の1になると聞きましたので、すべての蛍光灯をLEDに取り替えました。エネルギーの地産地消も必要ですので、自家発電設備やソーラーパネルも導入しました。

資料4／城南信金の節電への取り組み（2012年6月10日現在）

●ソーラーパネル
本店と事務センターに設置。
写真は、本店（東京都品川区）屋上に設置されたソーラーパネルで、LED照明200本分に相当する電力をまかなうことができる。

●LED照明
本店・蒲田・矢口・自由ヶ丘・世田谷・元住吉・大和・中原・祖師谷・等々力の10店舗に導入。ほかの店舗にも、順次導入していく予定。

●自家発電機
20店舗に導入。その内、狛江・玉川・蒲田・大井の4店舗は、営業室すべての電気をまかなえる大型発電機を設置。

さらに空調設備も、新しいものに替えました。古い機械は、電気を多く使うからです。田中優(*8)さんに教えてもらったのですが、冷蔵庫なども4、5年前のものより、最新のもののほうが年間2万円くらい電気代の節約にもなるそうです。10万円の冷蔵庫を買っても、5年で元がとれます。日本のエコ家電の性能や省エネ技術は、世界最高峰なんですね。家庭でも、そうした省エネタイプのものに切り替えていくことで、大きな節電ができます。

当金庫の全店で、徹底的に省電力に取り組んだ結果、2011年度の電気使用量は、前年比で23・5%(内訳/本店分で35・1%、事務センター分で11・6%、営業店分で27・6%)削減することができました。こうして節電に取り組んでいけば、原発がなくても問題はまったくないはずだ、ということを強く実感しました。

「原発を止めるわけにはいかない」などと言ってあきらめて何もしないひとがいますが、一人ひとりの市民、一つひとつの企業が地道に取り組んでいけば、世の中は変えることができるはずです。けっしてあきらめず、希望をもって明るく前向きに努力することがたいせつではないか、そんな思いがわいてきました。

多くの方は、日本は経済成長を続け、豊かな生活を維持しているのだから、電気の使用量を含めたエネルギー消費は、それに比例して増え続けているはずだ、と思い込んでいるかもしれません。しかし、かつてオイルショック(*9)があった頃と比較すると、省エネ化が進んだおかげで、GDPに比べてエネルギー消費はむしろ減っています(図3)。

図3／GDPとエネルギー消費の推移

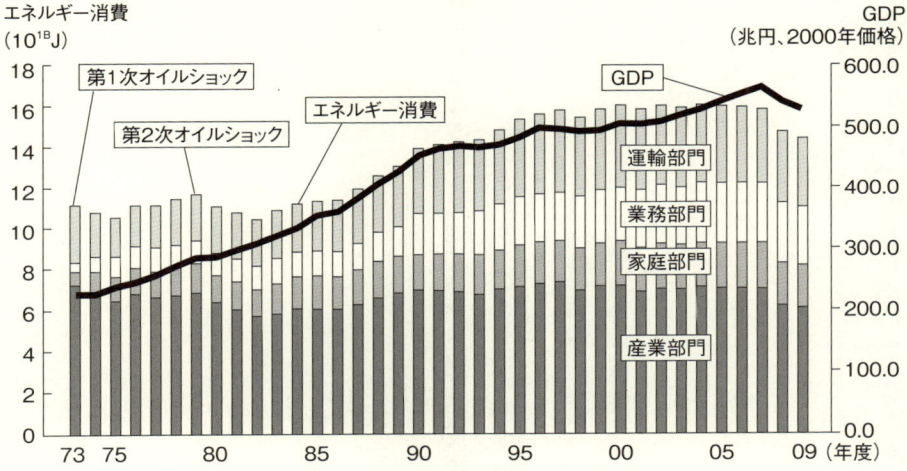

J(ジュール)は、エネルギーの大きさを示す指標のひとつで、1MJ=0.0258×10-3原油換算kl
業務部門……事務所やビル、学校や病院、デパートやホテル、飲食店やストアなど

GDP／Gross Domestic Product
国内で生産されたものやサービスの総額「国民総生産」のこと。その伸び率が、経済成長率をしめす尺度となっている。

1973年と2009年を比較すると、GDPの伸び率は2.3倍に増えているのに対して、エネルギー消費の伸び率は、産業部門では0.8倍とむしろ減っている。かたや、家庭部門で2.1倍、業務部門で2.7倍、運輸部門で1.9倍と増えており、エネルギーの多くが、便利なライフスタイルのために使われていることを示している。

出典／「エネルギー白書2011」より

そうした事実があるにもかかわらず、「電力供給が足りなくなるから、原発は止められない」と、何の根拠もなしに大合唱するのを耳にすると、いい大人なんだから、もう少しまともな議論をしましょうよ、と言いたくなります。

*8 田中優……脱原発やリサイクルの運動を出発点に、環境、経済、平和などのさまざまなNGO活動にかかわる。「未来バンク事業組合」理事長、「日本国際ボランティアセンター」理事、「ap bank」監事などを務める。おもな著書に『原発に頼らない社会へ』(武田ランダムハウスジャパン)、『地宝論』(子どもの未来社) などがある。
*9 オイルショック……1973年と1979年に起きた、石油の供給量逼迫と価格高騰のこと。戦後はじめてのマイナス成長となり、高度経済成長がこのときに終わったと言われている。また、トイレットペーパーの買い占めなど、社会的混乱が起きた。

● 脱原発アクションに対するマスコミの反応

こういった脱原発へ向けての節電の活動を、たまたまOurPlanet-TV(アワープラネット・ティービー)(*10)の方に話したところ、インターネットで流れました。これがとても反響があったものですから、みなさんに節電を呼びかければ、より大きな動きになるだろうと思ったわけです。

それでマスコミの方をお呼びして、当金庫の節電の取り組みについて紹介しました。来てくださった記者のみなさんは記事に書こうとしてくださいましたし、某テレビ局の方はビデオ撮りまでしてくれました。ところが、どうやら上層部の意向なのか、全部ボツになってしまいました。通常ならば、企業がこうした活動に大々的に取り組んでいるともなれば、みなさんの関

心が高いテーマですし、報道されると思うのですが。

節電の活動がニュースにならなかったので、それならばと、つぎに節電を促す商品をつくることにしました。商品の宣伝ならばメディアも掲載しやすいだろう、と思ったからです。「節電3商品」と言いまして、「節電プレミアムローン」と「節電プレミアム預金」と「節電応援信ちゃんの福袋サービス」の3つで、これについてはマスコミでもとりあげてくれました。

「節電プレミアムローン」はエコ設備を導入される方向けのローンで、1年間は金利0パーセントで融資するものです。この企画は、じつは社内で「金利ゼロは、金融機関としてあり得ない」という反対の声もありましたが、**最大の環境問題である原発をなくすためには、多少の赤字は覚悟してでも、企業として断固たる姿勢を示すべきだ**ということで、商品化が決まりました。「節電プレミアム預金」は省電力のために10万円以上の設備投資をした方向けに、1年ものの定期預金の金利を1%（通常1年の定期預金では、金利は年0.035%／2012年6月10日現在）にします、というものです。さらに、前年対比で30パーセント節電してくれた方には「節電応援信ちゃんの福袋サービス」として、イメージキャラクターの「信ちゃんの貯金箱つきの福袋」をプレゼントすることにしました。

それから**「原発はとてもリスキーなものなので、原発に頼らない安心な社会をつくりましょう」**というメッセージつきのパンフレットもつくって、みなさんにお配りしました。

営業活動を通じていろいろな方々とお話していますと、多くの方が「原発が止まると、電気

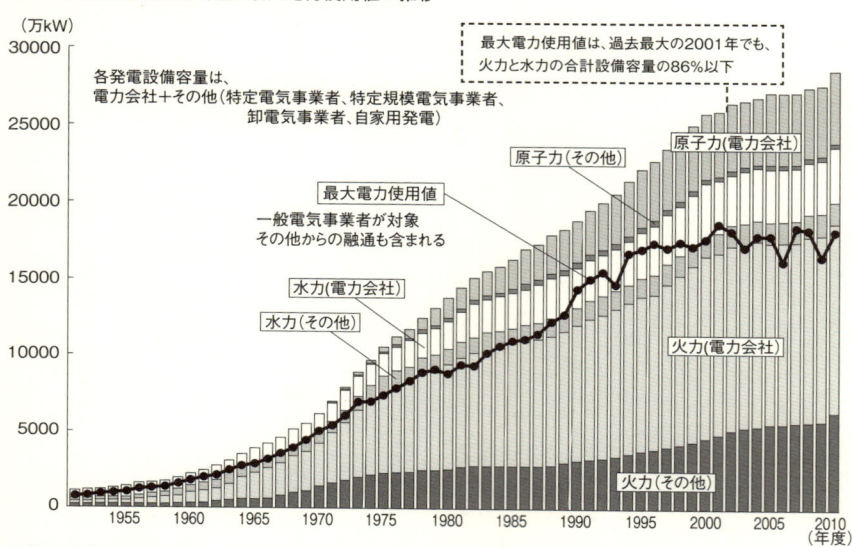

図4／発電施設の設備容量と最大電力使用値の推移

出典：日本学術会議が作成し、2011年9月に発表（表上の点線の囲み部分は、編集部が追加）

が足りなくなるらしいから、原発は止められないんじゃないの？」とおっしゃるんですね。

でも、じつは現在ある火力発電所を全部稼働させれば、原発を稼働しなくても、電力は足りる（図3）と言われています。そうした事実もお伝えしながら、脱原発について、みなさんもっと話題にしてくれたら、という思いがありました。

わたしたちみんなの意識が変わらなければ、政治は動きません。最終的には政治が動かないと、原発問題は解決できないのです。

＊10　OurPlanet-TV……2001年設立の非営利のオルタナティブメディア。独自に制作したドキュメンタリー番組やインタビュー番組をインターネット配信（http://www.ourplanet-tv.org/）している。

資料5／城南信金の「原発を使わない電力会社への契約切換」宣言

「原発に頼らない安心できる社会」実現のため
原発を使わない電力会社への契約切換を実施

2011年12月2日

　当金庫は、「原発に頼らない安心できる社会」の実現に向けて、自ら省電力、省エネルギーに取組むとともに、金融を通じて、地域の皆様の省電力や省エネルギーのための設備投資を積極的に支援、推進してきました。
　今般、その一環として、当金庫の本店および各営業店で使用している電力について、原子力発電を推進する「東京電力」との契約を解除し、原発に頼らず、自然エネルギーや民間の余剰電力を購入し販売している「エネット」（NTTファシリティーズ、東京ガス、大阪ガスの子会社であるPPS）との契約に、全面的に切換えました。
　仮に、当金庫と同じように、各企業などがPPSへの切換えを推進し、我が国全体のPPSによる電力供給が増えれば、

1) 東京電力などが主張している今後の電力不足が解消される
2) 原発を使わない電力の供給が増え、原発維持の必要性が無くなる

ため、「原発に頼らない安心できる社会」が確実に実現できます。
当金庫では、今後、こうした動きを各方面に訴え、賛同者を広げることにより、「国民経済の健全な発展」と「原発に頼らない安心できる社会の早期実現」を両立させるため、全力で取組んでまいります。

以上

（参考）　既に、多くの官公庁や民間金融機関にも、PPSの電力が供給されています。
　　　　中小企業、工場、ビル、マンション、学校等、多くの設備が対象となります。
　　　　政府も、企業による自家発電設備の利用や、新規参入電力会社による卸売り販売を推進しています。

図5／PPSへの切り替えイメージ

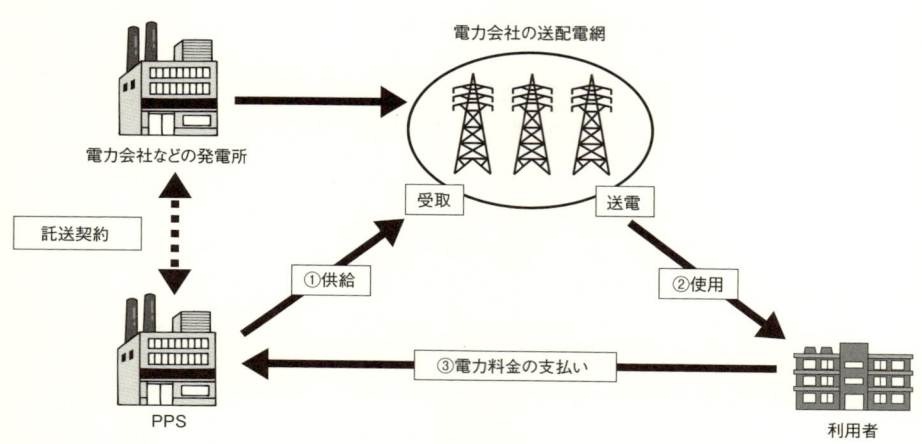

参照／PPS各社のウェブサイト

● 原発依存でない電力会社への切り替え

PPS（＊11）という民間の電気事業者がありますが、2012年1月から、城南信金の9割にあたる77店舗で、電力の供給元を東京電力から、PPSに切り替えました（残りの1割にあたる8店舗は、テナント契約や低電圧契約のために切り替えができないところ）。導入したのはエネットといって、東京ガスと大阪ガスとNTTファシリティーズが共同出資してつくった会社です。2000年から電気事業を行っていて、神奈川県川崎市の扇島にある川崎天然ガス発電所から電気を得ています。

この発電所は、コンバインドサイクル発電所（ガスコンバイン発電）という仕組みで、まず液化天然ガス（LNG）を燃焼させてガスタービンをまわし、その排熱で水

を蒸気に変えて蒸気タービンをまわすという、コンバイン（複合）発電です。とても効率がよくて、二酸化炭素の排出量も少ないそうです。

いま「燃料革命」といわれて、化石燃料が注目されています。たとえばシェールガス（＊12）といって岩盤に入っている天然ガスは、これまで技術的に取り出すことのできなかったのが、いまでは採取可能になっています。そうした新たな資源を使って発電していけば、原発よりはるかに安いコストで、安全なエネルギーが手に入るわけです。

ところが、こういう事実はあまり知られていないようです。国は隠しているのでしょうか。PPSのシェアは現状3％（30ページ・図6と図7）くらいですが、PPSは経済産業省や公立学校などにも電気を販売しています。PPSは電力会社にも電気を販売しているので、PPSの会社の方が「東京電力はお得意さまだから、設備を増やして大々的にやると、東京電力ににらまれるんです」と冗談まじりに言っていましたが……。

当金庫でPPSを導入する際には、原発依存ではない電力会社への切り替えということで、記者会見で発表しました。売名行為とおっしゃる方もいてとても残念だったのですが、なぜ記者会見をしたのかというと、みなさんに東京電力以外の選択肢のあることを知っていただきたかったからです。電力会社との契約が高圧以上であればPPSは導入できますし、書類上の手続きだけで、新たな設備等は必要ありませんから、同じ環境で切り替えができます。当金庫の場合は、年間2億円かかっていた電気料金が、1千万円以上（5.5％）も節約できることが

図6／販売電力量に占めるPPSの全国シェアの推移

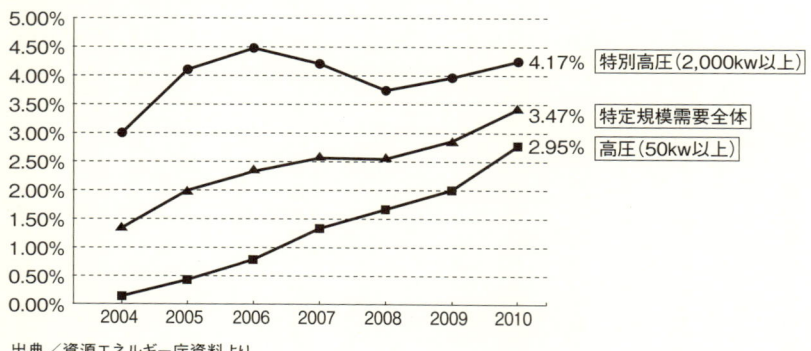

出典／資源エネルギー庁資料より

図7／販売電力量に占めるPPSの地域別シェアの推移

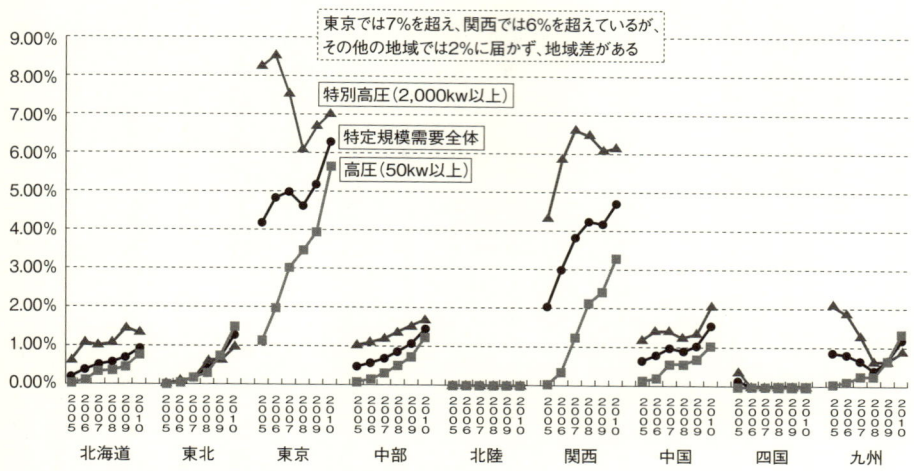

出典／資源エネルギー庁資料より（点線の囲み部分は、編集部追加）

わかりました。これは当然、取り組むべきですよね。

そうしたら案の定、「そういうのがあるなんて知らなかった。うちも切り替えたい」というお話を次々とお客様からいただきましたので、原発依存ではない電力会社への切り替えを推進しましょう、というパンフレット（左の写真）をつくりました。

*11 PPS……特定規模電気事業者（Power Producer and Supplier）のこと。自社で発電した電力や、企業などから余剰電力を集めて、電力50キロワット以上の大口使用者に電気を販売する民間企業のこと。電力供給には、電力会社の送電網を使っている。経産省は2012年3月に、略称を「PPS」から「新電力」に改めると発表。

*12 シェールガス……頁岩（けつがん＝シェール）という岩石に含まれる天然ガスで、埋蔵量も多く、石油に替わるエネルギーとして注目されている。2000年代に採取技術が開発され、日本企業も参入して、米国やカナダで多く生産されている。

●PPS切り替えの広がりと課題

このようにPPSは新聞等でも取り上げられた結果、いろいろなところで注目され、売上が急増してシェアを伸ばしています。一方で、東京電力が電気料金（32ページ・図8と図9）の値上げを発表して、これにはみなさん、怒り心頭ですよね。東京電力は独占企業体なのに、簡単に値上げしていいのか、という議論もあります。じゃあ、PPSに切り替えよう、という運

図8／電気料金の内訳

輸入燃料（原油、LNG・液化天然ガス、石炭）の価格変動に応じて、定期的に料金に反映させる。

値上げは、経済産業大臣による認可が必要。
また、値下げや据え置きは、経済産業大臣への届け出が必要。

東電が、家庭向け電気料金の値上げを申請したことを受けて、経産省が、その値上げが妥当かどうかについて査定をし、さらに消費者庁の検討チームが消費者の立場から審査中（2012年6月10日現在）。

図9／「総括原価方式」の仕組み

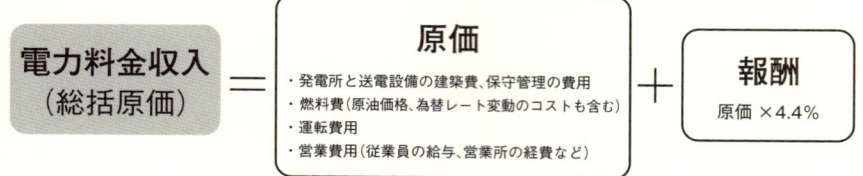

「電気事業法」に基づく「総括原価方式」とは、発電から送電、電力販売にかんする全費用を「総括原価」としたうえに、さらに一定の報酬率（利益率）を上乗せした金額が、電気の販売収入と等しくなるように電気料金を決める方式。公益性の高い電力事業を保護するという名目で、電力会社のコストがどれだけかかっても、「電気事業法」によって、電力会社の利益を保証するもの。だがこのシステムは、最終的に市民の負担によって成り立ち、原発を維持させてしまうと批判されている。

動が盛り上がっています。東京都の国立市でPPSを導入したことなどが話題にのぼりましたが、ほかにも**住民の方々が各市町村に働きかけた結果、いろいろな自治体で、電力会社を東京電力からPPSへ切り替える動きが広がっています。**これは本当に、住民運動の成果でしょう。

こういう話になると、今度は「PPSでは、電力供給が足りない」という方もいらっしゃいます。じつのところ、PPSの発電事業は、政府が妨害しているように思えてなりません。というのも、PPSのエネットが申請したときには何ヶ月もかかったのに、たとえばPPSのエネットがガスコンバイン発電をやろうとすると簡単に申請が認可されるのに、東京電力がガスコンバイン発電をやろうとすると簡単に申請が認可されるのに、と聞いています。こうした妨害がなくなれば、供給量の問題も解決できるようになるのではないでしょうか。

PPSの電力ビジネスへの参入について、『動き出した電力ビジネス』という特集番組（NHK『クローズアップ現代』2012年2月7日）が放映されました。製鉄所や自動車会社、エネルギー会社などは、自社で発電設備をもっていて、PPSを推進することで、そういった企業が休止していた発電機を稼働しようとする動きも出てきているそうです。

たとえば日本製紙では、紙の生産に使うために自家発電所を備えた工場が全国にあって、その発電能力は170万キロワット、電力会社以外では国内最大で、原発の1.7基分あるそうです。紙の生産を停止した工場でも自家発電を続けて電力を販売しようと、日本製紙は2012年5月にPPSの事業者として登録し、電力ビジネスに参入しました（事業開始予定は2012年10月）。

図10／電気事業者のなかの、PPSの位置づけ

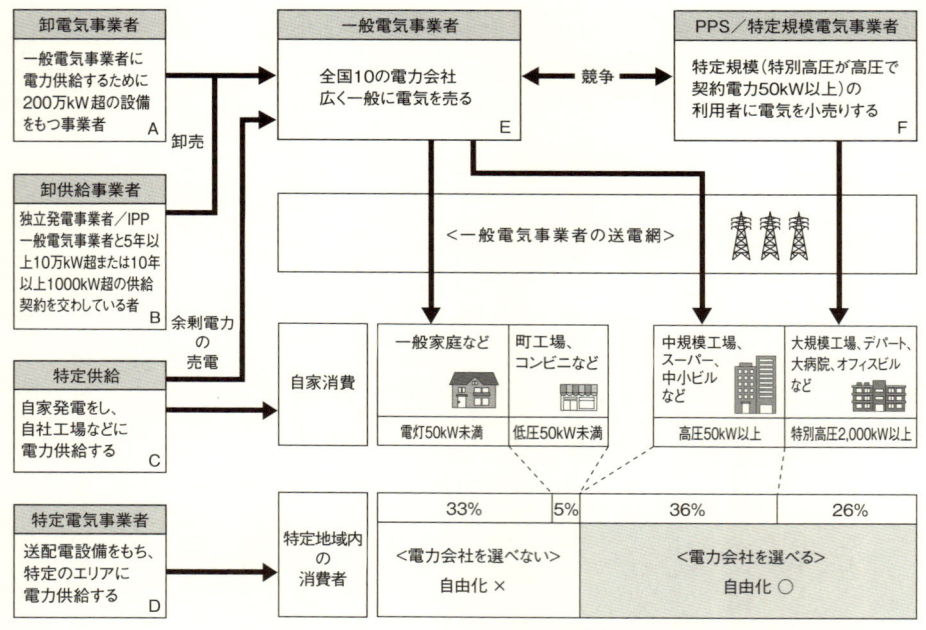

%の数字は、契約種別ごとの電力量の比較（2010年）

A　電源開発、日本原子力発電など
B　公営電気事業団体や発電設備をもつ会社で、電力会社が必要な電力を募集する際に入札し、落札して契約が成立する。
C　新日本製鐵、王子製紙、三菱化学、宇部興産、鹿島共同火力ほか、全国で648件（2009年3月現在）
D　六本木エネルギーサービス、東日本旅客鉄道、住友共同電力、JFEスチール（2012年2月現在）
E　北海道電力、東北電力、東京電力、中部電力、北陸電力、関西電力、中国電力、四国電力、九州電力、沖縄電力の10社
F　全国で60件が登録（2012年6月現在）

参照／資源エネルギー庁資料など

地図1／浜岡原発と周辺都市

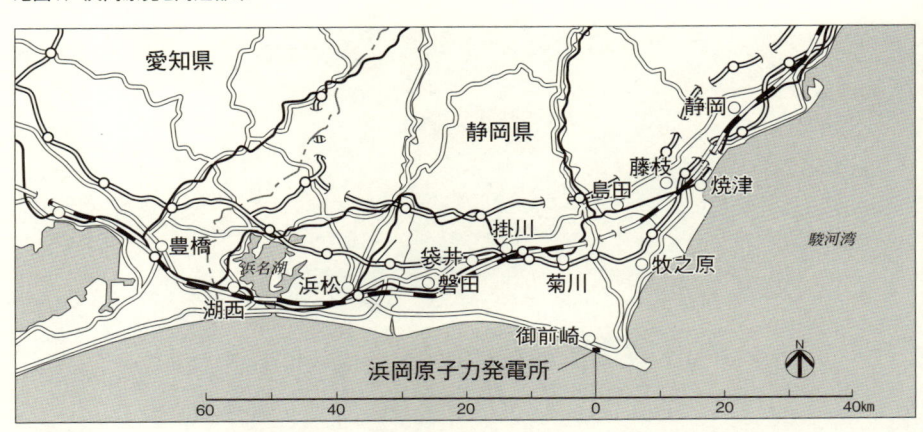

静岡県御前崎市にある中部電力・浜岡原発は、1号基と2号基が2009年1月で運転終了。3〜5号基は、2011年5月に首相の要請を受けて、津波対策が完了するまで運転停止となった。なお、浜岡原発は、想定される東海地震の震源域の真上にある。

自家発電設備をもっている企業は、かなり多いようです。原発事故後に政府は「埋蔵電力（企業などがもつ自家発電設備による余剰電力）はほとんどない」と言っていましたが、じつはあるのです。さらに大震災後、大企業はこぞって自家発電設備を増設していて、1年間で増えた発電所の合計出力は原発1・8基分に相当する（＊13）そうです。そうした事実も、みなさんにご理解いただきたいと思います。

＊13　自家発電設備の増設は原発1・8基分に相当……資源エネルギー庁の電力調査統計「自家用発電所認可出力表」によると、全国の自家発電所の総出力は、2011年3月末は5383万キロワットで、2012年3月末は5582万キロワットと、199万キロワット増加しているが、これは出力110万キロワットの原発1・8基分にあたる。

●浜岡原発の廃炉をもとめて

じつは、浜岡原発運転終了訴訟（36ペー

資料6／浜岡原発をめぐる2つの訴訟について

●浜岡原発運転終了・廃止等請求訴訟

2011年7月1日に静岡地裁に提訴。原告は静岡県在住の市民23人と弁護士9人、三上・湖西市長、著者の合計34人。弁護団は静岡県弁護士会と愛知県弁護士会をはじめ全国279人（2012年6月10日現在）。訴訟では、地震動に対する原子炉施設のぜい弱性、津波と液状化の危険を訴え、浜岡原発3～5号基の運転終了を求めている。また、使用済み核燃料の安全な冷却保管や、原子炉を解体せず石棺などで原発全体を覆う方法での廃止措置に踏み込んで主張している。
写真は、第3回口頭弁論期日（2012年3月1日）に出席する原告と弁護団が裁判所へ向かうようす。
（写真協力／浜岡原発運転終了・廃止等請求訴訟弁護団）
最新情報は弁護団のサイト（http://www.hamaokaplant-sbengodan.net/）に掲載。

●浜岡原発運転差止訴訟

2003年7月に市民団体が提訴した「浜岡原発運転差止訴訟」は、2007年7月の新潟中越沖地震で柏崎刈羽原発の全7基が損傷した事実がありながらも、同年10月に1審の静岡地裁で棄却となった。
現在、東京高裁で控訴審が継続中。
最新情報は、「浜岡原発とめよう裁判の会」のサイト（http://www.geocities.jp/ear_tn/）に。

ジ・資料6）に、わたしも原告のひとりとして加わっています。原発の廃炉を求める訴訟は、全国ではじめてだそうです。もうひとり原告団に加わっているのは、浜岡原発から60kmの距離にある静岡県湖西市の三上元市長で、大学の先輩です。その三上さんにうかがった話によると、浜岡原発のそばに主力工場のある自動車メーカーなどからも、「浜岡原発に何かあったら、うちの工場は使いものにならなくなるから、廃炉にしてほしい」といった声があがっているそうです。

万一、原発で事故があったら、まさに取り返しのつかない損害です。そうした気持ちは、大企業だけでなく、地元の中小企業や住民の方々も、まったく同じです。むしろ、**地元に根ざした経営をしている中小企業こそ、原発災害でいちばん影響を受けるのです。**

● 自治体からの「脱原発」の動き

2011年7月に、茨城県の東海村（＊14）が原発立地自治体として、はじめて「脱原発宣言」をしました。2012年4月には「脱原発をめざす首長会議」が設立され、その設立総会が城南信金本店で開催されました。これは湖西市の三上市長から突然電話をいただき、「市長は住民のいのちを守る使命がある。協力してもらいたい」という要請がありましたので、わたしも「そうした公共的な目的ならば、ぜひ協力させてください」と即答して、実現しました。

当日は、民主党から新党日本、社民党、日本共産党、新党きずなまで、党首や議員の方々が

来場され、70人の首長の方々が会員となって「脱原発をめざす首長会議」が発足し、とても熱のこもった討議が行われました。

わたしどものような金融機関が脱原発の活動をしていますと、「企業は、損得考えるところでしょう。何か下心があるのでは」とか、「損じゃないか」と言われることもあります。そう尋ねてきたのが新聞社の方だったので、「新聞社も、損得で記事をつくっているんですか」と、逆にお尋ねしました。マスコミは損得勘定なしで、金融業は金さえもうけりゃいい、と考えている発想自体が侮辱です。**わたしたちは協同組合の金融機関として、世の中をよくするために働いています。原発も、「世の中をよくするために」という考えのもとで是非を判断していたら、こんな事態にはならなかっただろうと思います。**

*14 東海村……茨城県那珂郡東海村には、日本初の商業用原子炉の東海第一原発（解体準備中）と東海第二原発がある。1999年のJCO臨界事故では、2人の作業員が亡くなり、667人が被ばくした。事故当時から現職の村上達也村長は、2011年7月に自治体としてはじめて「脱原発」を宣言。2012年4月には経産相に対して、東海第二原発の「永久停止と廃炉」を要求、意見書を提出した。茨城県下では、東海第二原発の廃炉を求める意見書が12の自治体で可決（2012年6月10日現在）されている。

38

資料7／「脱原発をめざす首長会議」について

「脱原発をめざす首長会議」は、全国市区町村の首長70人（35都道府県の現職64人＋元職6人／設立時）によるネットワーク。2012年1月に開催された「脱原発世界会議」がきっかけで、同会議に参加した三上元・静岡県湖西市長と上原公子（うえはらひろこ）・元東京都国立市長の呼びかけで結成された。
写真は、2012年4月28日に開催した設立総会のようす。（写真協力／脱原発をめざす首長会議）
「脱原発をめざす首長会議」事務局　TEL:03-6851-9791　FAX:03-3363-7562
http://mayors.npfree.jp/　E-mail:mayors@npfree.jp

●「脱原発をめざす首長会議」の目的
1）新しい原発はつくらない
2）できるだけ早期に原発をゼロにする

●取り組みのテーマ
1）原発の実態を把握する
　（福島原発事故の実態を把握／原価、核燃料サイクル、最終処分場等）
2）原発ゼロに至るまでのプログラムを明確にする
3）地域での再生可能なエネルギーを推進する具体策をつくる
4）世界との連携を通じて情報を共有する
5）子どもや食品など家庭生活に直結する問題について積極的に支援を行う
6）福島の支援を行う

第3章 脱原発と脱拝金主義

● 原発推進の裏にあるもの

これまで原発が推進されてきた背景には、とても残念なことに環境問題もありました。アル・ゴア元米国副大統領が、『不都合な真実』（＊15）という映画をつくって評判になりました。ところが二酸化炭素が増えると地球が温暖化するというのは、じつは科学的な根拠がはっきりしないとも言われているようです。

日本は世界に先駆けて省エネを徹底し、二酸化炭素をはじめとする温室効果ガスの削減に努力してきたのに、「京都議定書」（＊16）に署名して、さらに6％削減することになりました。一方のヨーロッパ諸国はしぼるところをしぼりつくしたところからさらにしぼるようなもので、がかなりあります。これについては、どん海外にいって経済が落ち込むだろう、温室効果ガスを削減するために日本国内から産業がどんどん海外にいって経済が落ち込むだろう、つまり日本の経済成長を抑え込むことができるだろうと考えたヨーロッパ諸国の思惑があるのではないか、という話を聞いたことがあります。

もともと「京都議定書」自体が、きわめて政治的なもので、それに惑わされなかったのが米国と中国です。国際政治とは、そうした国と国とのしたたかな駆け引きでもあるのです。

図11／世界の二酸化炭素排出量の国別排出割合（2009年）

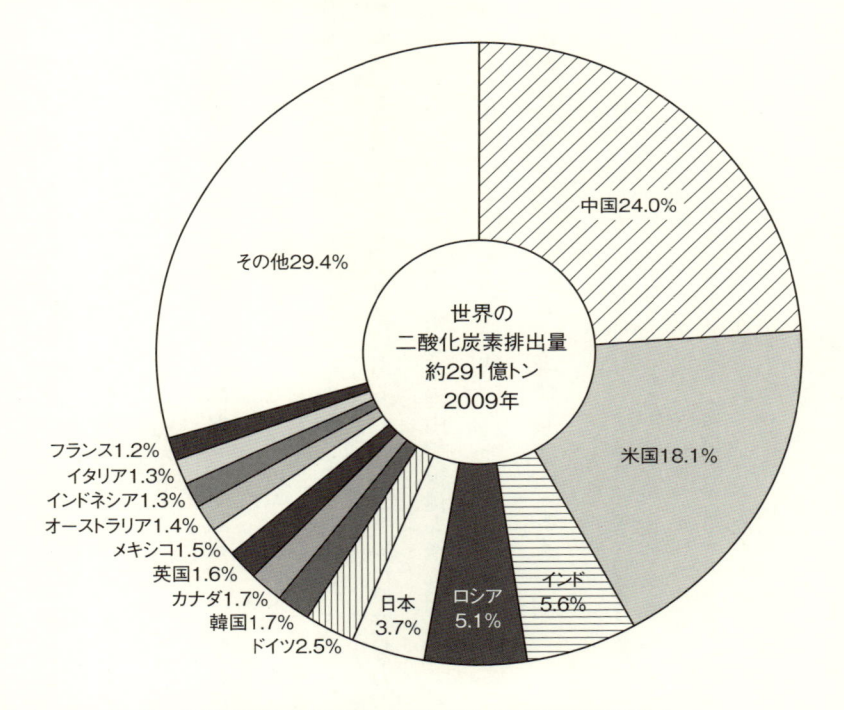

中国24.0%
米国18.1%
インド5.6%
ロシア5.1%
日本3.7%
ドイツ2.5%
韓国1.7%
カナダ1.7%
英国1.6%
メキシコ1.5%
オーストラリア1.4%
インドネシア1.3%
イタリア1.3%
フランス1.2%
その他29.4%

世界の
二酸化炭素排出量
約291億トン
2009年

出典／EDMCエネルギー・経済統計要覧2012年版（四捨五入のため、合計が100%にならない）

2005年発効の「京都議定書」では、「先進国」に温室効果ガス排出量の削減目標を課した。2008年〜2012年の5年間で1990年に比べて、日本はマイナス6%、米国はマイナス7%、EUはマイナス8%、カナダはマイナス6%などで、「先進国」全体でマイナス5%を目指すというもの。これを米国は批准せず、中国とインドは開発途上として削減義務が課せられず、カナダが目標達成が困難として2011年12月に脱退を表明した。

2011年に開催された「COP17」（気候変動枠組条約第17回締約国会議）では、「京都議定書」の延長と、すべての主要排出国が参加するあらたな枠組をつくることで合意した。

また、アル・ゴアが温室効果ガス削減のキャンペーンを実施した裏には、民主党（*17）の存在がある、という話も聞きます。もともと共和党は金融業と、一方の民主党は製造業と、それぞれ深く結びついています。その民主党がゼネラル・エレクトリックやウェスチングハウス（*18）といった原発関連企業の輸出振興を考えたのではないか、と言われています。

民主党政権のオバマ大統領は、福島原発の事故後に「二酸化炭素排出量の高い化石燃料への依存を減らして、原発を推進する」という方針を表明しました。米国には震災直後に「トモダチ作戦」でとても助けてもらいましたが（この作戦にも裏があるとも言われていますが）、米国が原発を推進しようとする裏にある、こうした原発勢力の影響力でしょう。

日本でも、政府の方々が、明確な理由や根拠も示さずに「いま、原発を止めるわけにいかない」とくり返してばかりいる事情の裏には、日本政府を超えたいろいろな思惑、各国の戦略などがあるのだろう、とわたし自身は思っています。

*15 不都合な真実……アル・ゴアが30年以上にわたって研究してきた地球環境問題についての講演などで構成されたドキュメンタリー映画。デイビス・グッゲンハイム監督、2007年日本公開。豊富な気象データなどを用いながら、温暖化が地球にもたらす影響に警鐘を鳴らした。同名の書籍がある（ランダムハウス講談社／刊）。アル・ゴアは2007年にノーベル平和賞を受賞している。
*16 京都議定書……正式名称は「気候変動に関する国際連合枠組条約の京都議定書」。二酸化炭素をはじめとした温室効果ガスの排出量を削減することを決めたもので、2005年に発効、日本も批准し、削減義務を負っている。
*17 民主党……2012年現在の米国の政権与党。共和党とともに、二大政党制を構成している。一般的には、保守主義の共和党に対し、民主党はリベラルな立場だと言われている。
*18 ゼネラル・エレクトリック……ゼネラル・エレクトリックやウェスチングハウスを事業内容とする。ウェスチングハウスは1886年設立の世界最大のコングロマリット。重工業、軍需や航空宇宙、金融などを事業内容とする。ウェスチングハウスは1878年設立の総合電機メーカーで、原子力

図12／二酸化炭素排出量に占める主要国の排出割合と各国の1人あたりの排出量の比較（2009年）

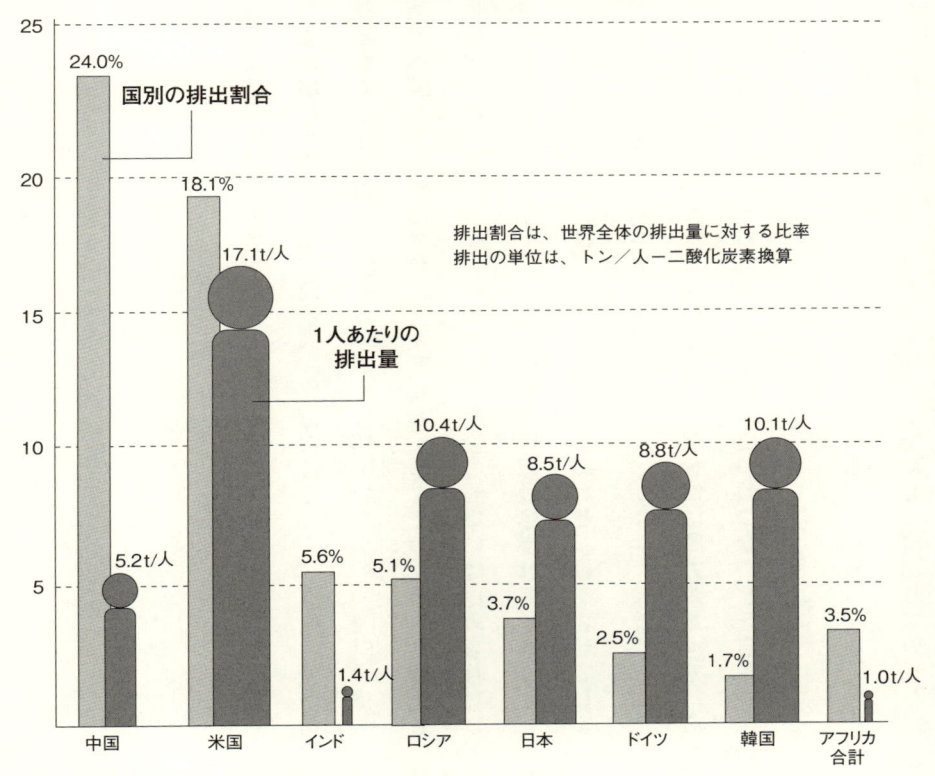

排出割合は、世界全体の排出量に対する比率
排出の単位は、トン／人ー二酸化炭素換算

	中国	米国	インド	ロシア	日本	ドイツ	韓国	アフリカ合計
国別の排出割合	24.0%	18.1%	5.6%	5.1%	3.7%	2.5%	1.7%	3.5%
1人あたりの排出量	5.2t/人	17.1t/人	1.4t/人	10.4t/人	8.5t/人	8.8t/人	10.1t/人	1.0t/人

出典／EDMCエネルギー・経済統計要覧2012年版

日本は、国別の排出量も、1人あたりも、世界で第5位。米国は1人あたりの排出量は、世界第1位で、日本の2倍にも。中国は、1人あたりの排出量は少ないが、人口が多いために、国別では第1位に。表中の国で、「京都議定書」を締約しているのは、日本、ロシア、ドイツ、韓国。

部門は2006年に東芝に買収された。東北・東京・中部・北陸・中国電力と日本原子力発電の原子炉はゼネラル・エレクトリックが特許をもつ沸騰水型軽水炉を東芝と日立が請け負ってつくり、北海道・関西・四国・九州電力とふげん・常陽・もんじゅの原子炉はウェスチングハウスが特許をもつ加圧水型軽水炉を三菱重工が請け負ってつくった。

● 原発事故を招いたお金至上主義

　原発には、巨額なお金がからんでいます。1基稼働させるだけで、1年に1千億円というお金を生み出します。企業、政治家、官僚だけでなく、原発の建つ地元にも、公共投資などに使われるたくさんのお金が流れ込みます（46〜47ページ・図14、48ページ・図15）。

　原発へ流れていくお金が、どんどんふくらんでいく……。原発も、バブルと同じです。バブル現象が止められなくなったように、原発も簡単には止められないところまできています。誰が悪いとかではなくて、ひとはお金に取り込まれてしまうと、お金から逃れられなくなってしまいます。お金とは、ひとのこころを惑わせ、暴走させてしまうものなのです。

　お金を扱っているプロとして、お金はこわいなと思います。当金庫の元会長、小原鐵五郎（おばらてつごろう）（*19）は「お金は麻薬だ」と言いました。いったんお金に目を奪われると、ひとはたいせつなことを忘れてしまう……と。

　マイケル・サンデルのテレビ番組（*20）で『究極の選択　お金で買えるもの買えないもの』と題した放映がありました。お金さえあれば何でも手に入る現代社会での道徳や倫理の問題と市場主義経済の関係について、各国の学生たちと議論していました。米国では消防隊が民営化

44

図13／各国のエネルギー研究開発予算（2008年）
（100万米ドル）

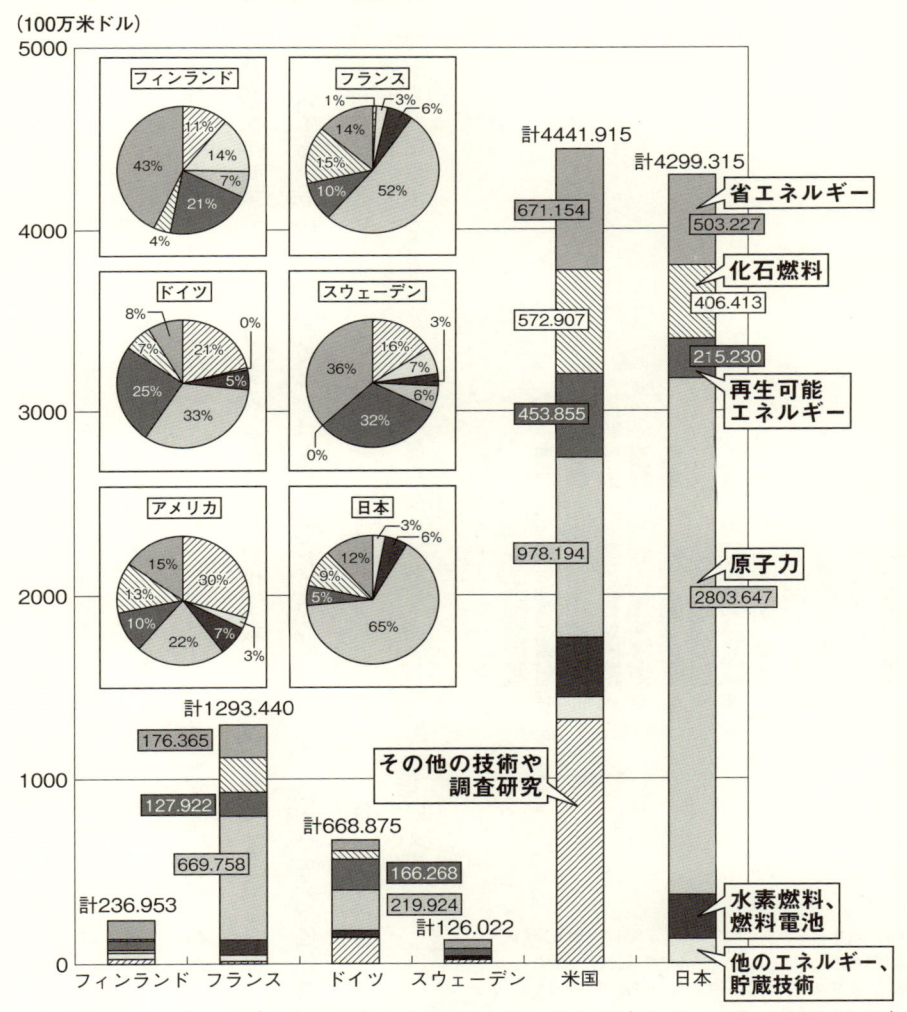

国	合計	内訳
フィンランド	計236.953	43%, 11%, 14%, 7%, 21%, 4%
フランス	計1293.440	1%, 3%, 6%, 14%, 52%, 10%, 15%
ドイツ	計668.875	8%, 0%, 21%, 5%, 33%, 25%, 7%
スウェーデン	計126.022	3%, 16%, 7%, 6%, 32%, 0%, 36%
アメリカ	計4441.915	30%, 15%, 13%, 10%, 22%, 7%, 3%
日本	計4299.315	3%, 6%, 12%, 9%, 5%, 65%

米国 内訳：671.154／572.907／453.855／978.194
日本 内訳：503.227／406.413／215.230／2803.647

フランス 内訳：176.365／127.922／669.758
ドイツ 内訳：166.268／219.924

凡例：省エネルギー、化石燃料、再生可能エネルギー、原子力、その他の技術や調査研究、水素燃料、燃料電池、他のエネルギー、貯蔵技術

出典／IEA Guide to Reporting Energy RD&D Budget/Expenditure Statistics（http://www.iea.org/stats/rd.asp）
初出／『原子力と原発きほんのき』（上田昌文／著　クレヨンハウス／刊）

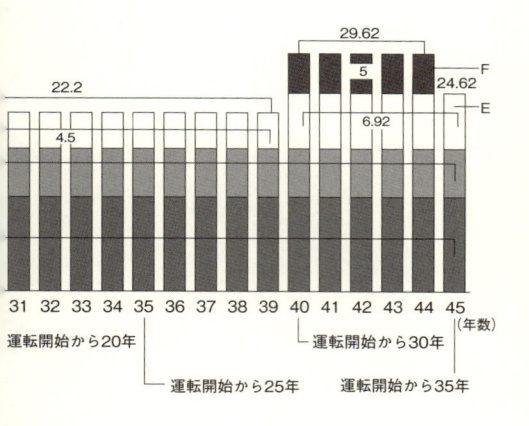

されて会員でないと火事になっても消火してもらえなかったり、またインドでは代理母による妊娠代行サービスというビジネスが生まれているそうです。さらに米国の教育界では、よい成績をおさめた子どもや先生に賞金を与えるという試みもはじめられたそうです。

それぞれの立場でいろいろな意見があり、どれが正解かはわかりません。ただ、わたしとしては、公共サービスやいのち、教育の分野にまで自由主義経済を導入して、お金さえ払えば何でも手に入るというのは、やってはいけないことだと思っています。「個人主義や価値観の違いだ」と言うひともいるかもしれませんが、こうした倫理基準というのは、多くのひとと話し合いながら、たえず考えていかなければならない重要な問題だと思っています。

*1……高木仁三郎（たかぎじんざぶろう）さんが1975年に創設した、脱原発を実現する市民の情報センター。西尾漠（にしおばく）さんが共同代表を務める。
*2……高木学校の崎山比早子（さきやまひさこ）さんや「原子力教育を考える会＆反原発出前のお店（高木学校・TEAM高木）」らが発起人を務めるサイト。原子力のマイナス面も含めた公正な情報を提供。

46

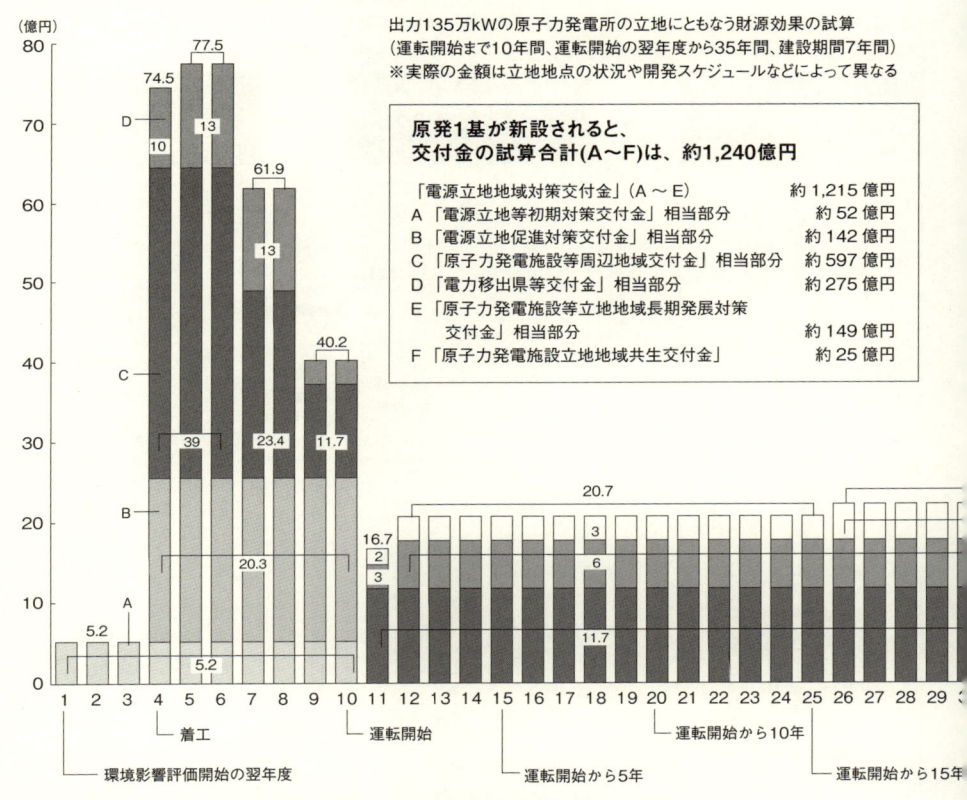

図14／原発が新設される場合の「電源三法交付金」による財源効果の試算

出力135万kWの原子力発電所の立地にともなう財源効果の試算
（運転開始まで10年間、運転開始の翌年度から35年間、建設期間7年間）
※実際の金額は立地地点の状況や開発スケジュールなどによって異なる

**原発1基が新設されると、
交付金の試算合計(A～F)は、約1,240億円**

「電源立地地域対策交付金」（A～E）　　　　　　約1,215億円
A 「電源立地等初期対策交付金」相当部分　　　　約52億円
B 「電源立地促進対策交付金」相当部分　　　　　約142億円
C 「原子力発電施設等周辺地域交付金」相当部分　約597億円
D 「電力移出県等交付金」相当部分　　　　　　　約275億円
E 「原子力発電施設等立地地域長期発展対策
　　交付金」相当部分　　　　　　　　　　　　　約149億円
F 「原子力発電施設立地地域共生交付金」　　　　約25億円

出典／資源エネルギー庁「電源三法交付金の配布モデルケース」（2010年3月）より

原子力発電所が建設されても、工場立地などと比べると、地元地域に与える経済効果が少ないため、その保障措置として、交付金制度がつくられたという背景がある。つまり、交付金の額は、被る迷惑の大きさを反映した「迷惑料」とも言われている。原発の新設をより早く進めたいために、着工から運転開始までの期間で、交付額が大きくなっている。立地自治体にとっては、財源の多くを交付金が占める結果となり、原発に依存せざるを得ない状況に陥っていると指摘されている。参考／原子力資料情報室*1 (http://cnic.jp/)、よくわかる原子力*2 (http://www.nuketext.org/)
「電源三法交付金」の見直しも議論されているが、立地地域の住民からは、「交付金は立地時の国との契約のようなもの」「リスクと隣合わせの代償として、守ってもらわばければならない」といった声も、反対の声と並行してあがっている。
(2009年11月／事業仕分けグループの配布資料より)

図15／「電源三法」の概要とお金の流れ

「電源三法」とは、発電施設(原子力、水力、火力、地熱など)の設置と運転を円滑にするために、1974年6月に成立した3つの法律。
1・利用者が支払う電気料金の一部が、2・電力会社から、3・国へ納税され、4・地方自治体に交付金として、流れていく。

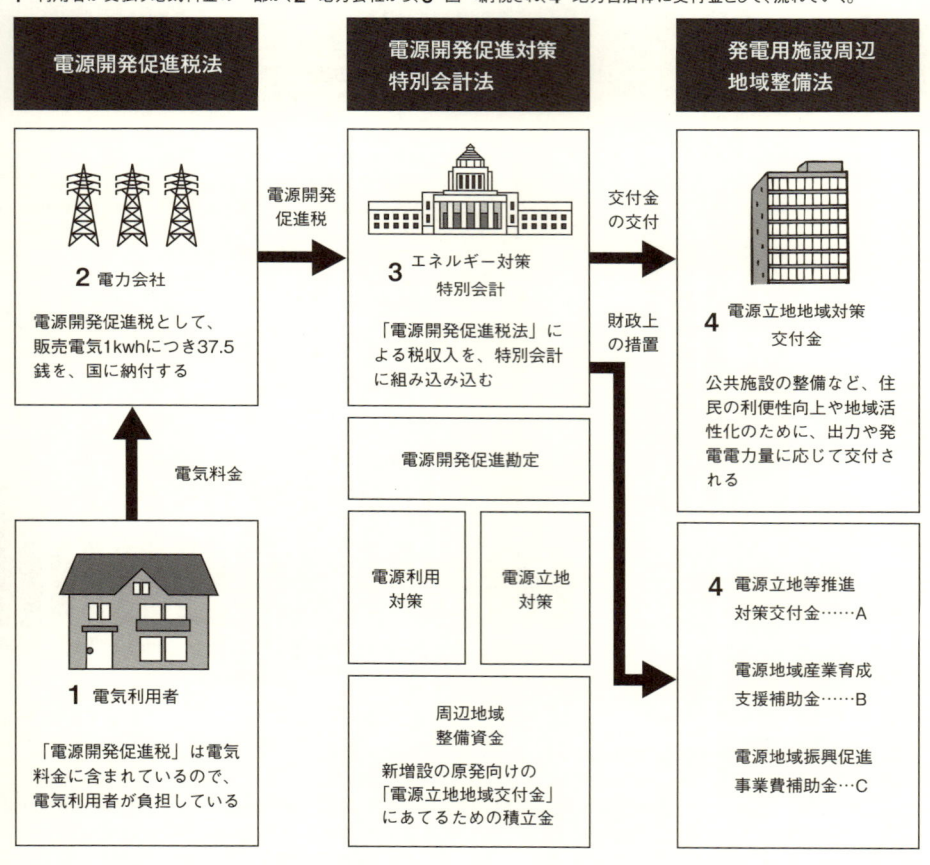

電源開発促進税法

2 電力会社
電源開発促進税として、販売電気1kwhにつき37.5銭を、国に納付する

電気料金

1 電気利用者
「電源開発促進税」は電気料金に含まれているので、電気利用者が負担している

電源開発促進税 →

電源開発促進対策特別会計法

3 エネルギー対策特別会計
「電源開発促進税法」による税収入を、特別会計に組み込む

電源開発促進勘定

電源利用対策 ／ 電源立地対策

周辺地域整備資金
新増設の原発向けの「電源立地地域交付金」にあてるための積立金

交付金の交付 →
財政上の措置 →

発電用施設周辺地域整備法

4 電源立地地域対策交付金
公共施設の整備など、住民の利便性向上や地域活性化のために、出力や発電電力量に応じて交付される

4 電源立地等推進対策交付金……A

電源地域産業育成支援補助金……B

電源地域振興促進事業費補助金…C

A 地域活性、福祉対策、公共用施設整備、企業導入・産業活性化
B 地域の産業を開発・育成する事業や、地域活性化のイベント支援に
C 新設・増設した企業への電気料金割引などの支援、産業関連施設の整備への補助

出典／資源エネルギー庁「電源立地制度の概要」より

お金さえあればいい、自分さえよければいい、という考え方が極限まで行き着くと、原発のことにしても、将来のことまで考えたり、はっきりとした意見を言えなくなる……。とくに企業で働くひとたちは、家庭では自分の意見を言うことができても、こと職場では原発について自分から発言しにくくなっているのでしょう。それぞれがはっきりとした意見を言えるためにも、お金に支配されない世の中をつくらないといけない、と思っています。

*19 小原鐵五郎……城南信用金庫第3代理事長で元会長（1899～1989年）。全国信用金庫連合会（現／信金中央金庫）や全国信用金庫協会の会長も務め、全国の信用金庫の発展に尽力した。小原の「経済は国民の幸せのためにある」という信念や「貸すも親切、貸さぬも親切。役に立ち、感謝されて返ってくる生きたお金を貸す」などのことばは、城南信金の理念となっている。

*20 マイケル・サンデルのテレビ番組……ハーバード大学教授マイケル・サンデルによる政治哲学講義の番組で、社会のあらゆる問題について、日本、米国、中国の大学生たちと議論を展開する。本文中の番組は、2012年2月18日にNHKで放映された。

● 金融の健全性と安全性

もともと日本に現在のような金融制度が伝わってきたのは、協同組合と同じように英国からです。明治政府に雇われた銀行家のアレクサンダー・アラン・シャンド（*21）が、英国の「サウンド・バンキング」という、金融機関の経営において健全性と安全性を重視する考え方を、高橋是清（*22）や渋沢栄一（*23）に伝えたと言われています。

シャンドは、「遊興費のためのお金は貸してはいけない、お金は健全にコントロールすることがたいせつで、それが銀行家としてのプライドであり責務だ」と言っています。自由にお金

を貸せばいいというわけじゃない、人間というのは本来危なっかしいものだから、金融の専門家として助言し、健全な融資かどうかをよく考えるのだ、と。

健全な銀行業とは、いかに利益が出る企業であっても、社会的に"善"である企業でなければ、金は貸さないことだ、と理解しています。これは、城南信金の「貸すも親切、貸さぬも親切」という原則に通じるものです。当金庫は、カードローンなどの遊興費の融資はもちろん、お客さまに損失を与える可能性のある投資信託などのリスク商品は扱っていません。

ちなみに、シャンドと高橋是清のエピソードは、テレビドラマ『坂の上の雲』(司馬遼太郎(しばりょうたろう)の原作/09年から11年にかけてNHKで放映)でも紹介していました。高橋是清は日露戦争の戦費調達のためにロンドンに行くのですが、お金が集まらない。そのときにパース銀行ロンドン支店の副支配人になっていたシャンドが助けてくれるんですね。じつはシャンドが横浜の銀行で支配人だったときに、住み込みで彼の身のまわりの世話をしていたのが高橋是清で、英語を習うために働いていたのです。

もともと日本には、健全な経営を目指す「サウンド・バンキング」の考え方が、ずっとありました。戦争に負けた日本は、戦後は経済力でがんばってきました。日本が得意なのは、組織力によるものづくりです。日本のものづくりは、世界でも圧倒的に強かったわけです。

はじめに日本は繊維で勝って、つぎに鉄鋼で勝って、さらに自動車で、家電で、半導体で、ほとんど勝ってきました。城南信金の地盤でもある東京の大田区や品川区などの京浜工業地帯

50

の町工場がそうしたものづくりの舞台で、みんなで一生懸命に技術を磨きました。そうして培ってきた日本の技術力は、いまでも世界のどこにも負けないすばらしいものです。

一方の米国はことごとく日本に負けて、日本からお金を引き出そうとして、日本からの多額の借金を背負ってしまいました。そこで米国は、日本からお金を引き出そうとして、金融市場の開放を迫ったのだと思います。1996年から2001年にかけての金融ビッグバン（*24）によって、金融市場が拡大していきました。米国が金融を支配し、結局バブルが崩壊しました。

映画『バブルへGO!! タイムマシンはドラム式』（馬場康夫監督／2007年公開）のラストでは、米国の作戦によってバブルが起こり、その後に崩壊したんじゃないかということを喜劇的に描いています。

超低金利で内需を拡大させ、さんざんゴルフ場やリゾート施設をつくらせ、バブル崩壊。いったんデフレ（物価が下がり続ける）市場になると、経済はとどまることを知らないのです。経済学者のケインズも言っていますが、デフレというのはどうしようもないもので、いくら金融緩和してもだめなんです。自信を喪失し、株価も上がらない日本に、米国は投資信託（元本保証のない株や債券）を直接「国民」に売りなさい、とアドバイスしました。

それまでは、銀行が株を買っていましたが、もはや銀行は株を買えない。ついては、「国民」にリスクマネーを提供させよう、というわけです。これは、日本政府の公式な文書にも載っていることです。

51　第3章　脱原発と脱拝金主義

つまり、銀行が買わない危ないものを、「国民」に直接売りつけることで、株価を上げるという選択に転換したのです。ひどい話だと思いませんか。そうして市場は、間接金融（銀行などからの融資に頼る）から、直接金融（株式や社債の発行により資金調達を行う）へと移行していきます。マスコミも、「貯蓄から投資へ」というキャッチフレーズで、これをあおりました。

*21 アレクサンダー・アラン・シャンド……英国の銀行家（1844～1930年）。1872年から明治政府に雇われ、近代的な銀行業務について、日本人を指導した。日本初の銀行簿記のテキストを著すなど多大な功績を残すが、1877年に解任され、翌1878年に英国に帰国した。
*22 高橋是清……政治家（1854～1936年）。日銀総裁、大蔵大臣を経て、1921年に第20代内閣総理大臣に。日本の金融に大きな影響を及ぼしたが、1936年に二・二六事件で暗殺された。
*23 渋沢栄一……実業家（1840～1931年）。大蔵省勤務、銀行頭取を経て、多くの企業の設立にかかわり、「日本資本主義の父」と言われる。「経済道徳合一」説（経済を発展させたら利益を独占するのではなく、社会に還元すること）という考え方を貫き、社会活動にも熱心に取り組んだ。
*24 金融ビッグバン……1996年から2001年にかけて、橋本龍太郎首相のもとで実施された金融制度改革。フリー（自由）、フェア（公正）、グローバル（国際化）をキーワードに、金融市場の規制を緩和・撤廃することで、日本経済を再生させるねらいがあった。

● 脱原発に向けた企業人の志、お金の考え方

貨幣は、かつては貝殻であったり金であったり、現在は電子マネーであったり、といろいろな形をしていますが、実体としてはとらえられません。何をもって貨幣と考えるかを「貨幣機能説」というのですが、価値交換機能、価値保存機能、価値尺度機能、この3つの機能を果たすものを「貨幣」としました。

図16／貨幣の3つの機能

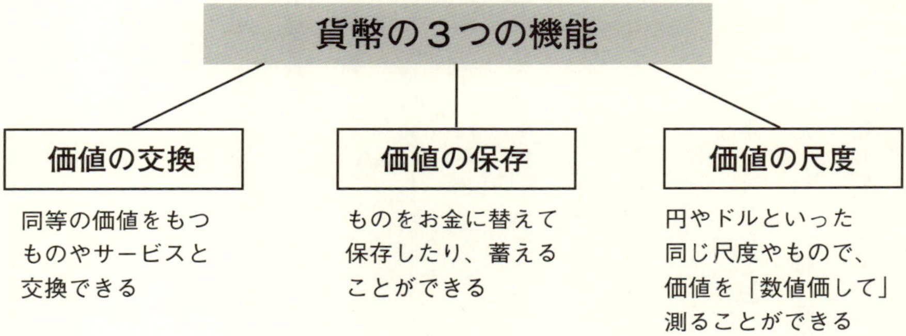

貨幣の3つの機能

価値の交換
同等の価値をもつ
ものやサービスと
交換できる

価値の保存
ものをお金に替えて
保存したり、蓄える
ことができる

価値の尺度
円やドルといった
同じ尺度やもので、
価値を「数値価して」
測ることができる

　人間社会は、もともと贈与社会でした。漁村で魚がとれすぎてしまったら、昔だったらみんなに分けたものです。そうしないと腐ってしまって、もったいないからです。ところが貨幣が登場すると、あまった魚はすべて貨幣と交換して、利益を独占してしまうようになりました。

　貨幣を手にしたことで、人間は個人主義になっていくわけです。「価値尺度機能」も同じで、自分を主体として自分以外のものはすべて客体と考えて、お金で価値を測るのですから、自分以外のものは自分のための単なる道具としか考えられなくなってしまいます。

　貨幣というのは、人間の頭のなかで肥大化された自意識そのものです。個人主義、合理主義といったものが投影された、ひとつの幻想なのです。そのお金という幻想を、わたしたちは、あたかも絶対的なものであるかのように考えてしまう……。

　世界中のものごとを「数」という抽象的なものとし

て考え、数によって世界を理解し、支配したように思い込むことを「合理主義」といいます。

ピタゴラス（古代ギリシャの哲学者・数学者）やデカルト（近代フランスの哲学者・数学者・合理主義者）以来の、こうした人間の思い上がりを助長する「数」という概念が、貨幣を麻薬にしているのだろうと思います。いずれにせよ、これは、もう**「拝金教」という宗教のひとつ**だと思います。宗教というと敬遠されるかもしれませんが、じつは**「現代人は、お金という宗教にとらわれている」**ということに気づくべきです。

こうしたお金についての仕組みがわかってくると、企業というのは、お金のことばかり考えていたのでは発展しない、ということにも気づかされます。アップル社の創設者で、2011年に亡くなったスティーブ・ジョブズが、次のように言っていました。

「お金もうけを目的として成功した企業を、わたしは見たことがない。わたしは世界に理想を広めるために、仕事をしている」

「ひとびとのなかにある理想や愛、志というものがあって、はじめて会社やビジネスは生まれるのであって、文字通りのビジネスライクでは、けっして本当のビジネスは生まれない」

わたしも、その通りだと思っています。ビジネスというのは、busy（ビジー）ということばからきていますが、これは漢字では「忙しい」、つまり「こころを失う」と書きます。だから あんまり「忙しい、忙しい」とは言えないですよね。常に、こころを失ってはいけない。みんなのことを思わなければ、ビジネスは生まれてこない。わたし自身、そう考えてきました。

54

企業人としての志をもって、あらたなビジネスを起こしていく、社会に貢献してはじめて、企業の仕事がある。そうすれば、難題であるデフレも解消できるだろうと思います。

わたしたちが、原発のような危険なものがない社会にしたい、と発言していますと、女性はとても共感してくださることが多いように感じています。それは女性のほうが、いのちをつぎにつないでいる担い手だという自覚があって、ものごとをまっとうに考えられる、長い展望をもって考えられるからではないでしょうか。

ひとは、いつかは死ぬ存在です。でも、いま自分がしていることを、子どもたちや孫たちが守っていってくれる、続けていってくれるという希望をもって、日々生きています。ご先祖さまも、子孫の繁栄を考えて、木を植えたり、田んぼを耕してきたのでしょう。何十年後、何百年後の子孫たちがよろこんでくれるだろう、と。そうした次世代への愛情や将来に対する責任があったからこそ、いまのわたしたちがここにあり、そうしてひとは生かされてきました。

そう考えると、次の世代のことを考えない社会は、おかしなことになるわけです。

「二度とこのような原発事故を起こしてはならない」という思いをぜひ共有して、みんなでおだやかに話し合いながら、脱原発の動きを広めていくことがたいせつだと思います。個人としても、企業としても、それぞれの立ち場で考えていけたらと思いながら、日々活動しています。

55　第3章　脱原発と脱拝金主義

第4章 Q&A 質疑応答

Q 質問というよりお伝えしたいことがありまして、震災の3ヶ月後に避難した友人のことですが、「お金の出し入れも何もないけれど、城南信金の看板を見ただけで、何度もがんばろうと思えた」と言っていたので、それをお伝えしたいと思いまして。

A ありがとうございます。そのことばが、何よりうれしいです。お金じゃなくて、こころのつながりこそが大事ですよね。

Q 武器をつくっている企業などにお金を出資している金融機関には、お金を預けたくないんですが、そういう金融機関をわたしたちが知る方法はあるのでしょうか。

A 環境NGOの「A SEED JAPAN／ア・シード・ジャパン」（*25）や田中優さんの「未来バンク」（*26）などで、詳しい情報を得ることができます。最近はメガバンクでも、クラスター爆弾（*27）製造企業への投融資をやめようという動きがあります。もちろん当金庫で

56

資料8／金融機関の社会性を見る5つのポイント

金融機関の社会性を見る5つのポイント

1. その金融機関の企業理念・方針に賛同できますか？
2. 環境のことを考えた融資をしていますか？
3. 地域経済の活性化に役立っていますか？
4. NPOなどの社会的な事業に融資をしていますか？
5. 情報を十分に公開していますか？

これらのポイントは、金融機関のウェブサイトや各店舗においてあるCSRレポートやディスクロージャー誌(情報公開のための冊子)などで確認できます。

出典／A SEED JAPAN「エコ貯金ナビ」(http://www.aseed.org/ecocho/what/lets_yochokin.html)より

も、そうした企業への投融資は行っていません。

けれども、お金というものはぐるぐるまわっているので、最終的にどこへいくのか、正直なところはわかりかねます。それでも、ご自分の思いをしっかりと金融機関に伝えることは、変化を起こす力になります。

銀行はイメージをとても気にしますから、お客さまから何か言われることはそれなりのプレッシャーや抑制になります。ぜひ、声に出してみてください。

＊25 A SEED JAPAN……1991年設立の国際環境NGO (http://www.aseed.org/)。2005年から「エコ貯金」プロジェクトを実施。「口座を変えれば、世界が変わる」をキャッチフレーズに、「環境やひとにやさしく、地域・社会のためになるお金の流れをつくること」を目指している。

＊26 未来バンク……未来バンク事業組合 (http://www.geocities.jp/mirai_bank/)はNPOの市民団体で、預かった出資金を環境にかかわる事業家(ソーラーシステム導入、自然食品店、ワーカーズコレクティブ、フェアトレードなど)に低利で融資している。

＊27 クラスター爆弾……ひとつの親爆弾の中に多数の子爆弾が入った爆弾で、無差別に攻撃がおよぶ。また不発弾が多く残るため、地雷と同様の被害が広がっている。「クラスター爆弾の生産、貯蔵、使用、移譲を禁止する国際条約」は、オスロで調印されたことから「オスロ条約」とも呼ばれる。2010年発効、日本も2009年に批准。条約加盟国は2012年4月現在で71ヵ国。

表1／金融機関における「社会的責任投資」の動き

- ●社会的責任（CSR／Corporate Social Responsibility）とは、社会貢献として、社会的公正性や倫理性、環境への配慮などを取り込んでいくこと
- ●社会的責任投資（SRI／Sustainable and Responsible Investment）とは、社会性に配慮したお金の流れと、その流れをつくる投融資行動

1992年	「国連環境計画・金融イニシアティブ」（UNEP FI）の設立 金融機関においても、環境と持続可能性に配慮すること。
2003年	「エクエーター（赤道原則）」の制定 開発プロジェクトへの融資で、自然環境や地域社会に与える影響を配慮すること。
2006年	「国連責任投資原則」（PRI／Principles for Responsible Investment）の制定 投資の際に、環境・社会・企業統治の問題の改善に配慮すること。
2011年	「持続可能な社会の形成に向けた金融行動原則」（21世紀金融行動原則）の採択 金融機関が持続可能な社会の形成に向けた取り組みを推進するための行動指針。

参照／環境省サイト（http://www.env.go.jp/）ほか

Q 脱原発の声をあげたことで、よかったことと、悪かったことはありますか。ほかの金融機関で賛同されたところがあれば、教えてください。

A よかったことは、みなさんに声をかけていただけることです。2000名の仲間がおりますが、「がんばってるね」と言われますと、みんな仕事に張り合いが出てうれしいですし、仕事でもミスしないようになります。わたし自身もそうですが、人間は誇りをもつことで成長できるのだと思います。

悪いことは、それほどないですね。ときどき、ひりひりと皮膚に突き刺さるような視線を感じることはありますが……。ほかの金融機関の方々も内部では話をしているようですが、積極的に脱原発の声をあげ

図17／預貯金のつかわれ方

わたしたちの預貯金の一部は、金融機関による投融資を通して、
次のような用途にも使われていた

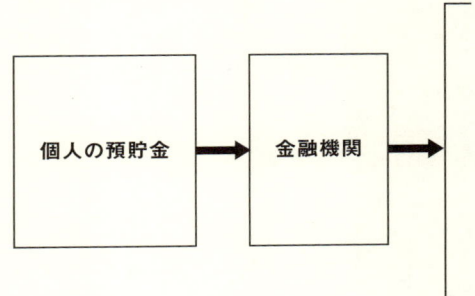

個人の預貯金 → 金融機関 →

- 原子力発電の推進に
  例）大手銀行の大口の融資先のひとつは、電力会社
- 公共事業による環境破壊に
  例）ダムやスーパー林道、空港や高速道路などに
- ODA（政府開発援助）による環境破壊
  例）インドネシアのコトパンジャムダム建設支援に
- 外国債の購入に
  例）日本政府の米国債の購入資金が、イラク戦争支援に
- 兵器や軍事企業に
  例）クラスター爆弾製造企業への投融資に

参照／ 未来バンク(http://www.geocities.jp/mirai_bank/)、エコ貯金(http://www.aseed.org/)

Q 貯蓄してもお金に利息がつかない、減価していくシステムがあるそうですが、日本で成り立つ可能性はないでしょうか。

A もともとは、シルビオ・ゲゼル（*28）の減価するお金、利息がマイナスになる、という考え方です。『エンデの遺言──根源からお金を問うこと』（河邑厚徳、グループ現代／著　日本放送出版協会／刊）という本があって、ミヒャエル・エンデ（*29）がその話をしています。

る機関はまだないですね。信用金庫業界の諸先輩方は、よくがんばってるね、よいことをやっているね、とみなさんおっしゃってくださるので、こころのなかでは賛成してくれているんだなと感じています。

59　第4章　Q&A　質疑応答

エンデはお金のもつ問題点として、利息があること、信用創造（預金と貸出をくり返して、預金を増やしていくこと）が行なわれる点を指摘していました。それを是正して、本来あるべきお金に戻すことがたいせつであり、地域通貨（＊30）などに可能性を期待していたと思います。

わたしの考え方はエンデとは違って、**そもそもお金そのものが幻想であり、麻薬であり、危険なものだと思っています**。お金は信用によって成り立っているのであり、そのことからしても、お金は幻想なのです。**利息がつこうがつくまいが、お金は危険なものです**。

NHKの番組『ヒューマン なぜ人間になれたのか』というシリーズで、お金について取り上げていました（第4集 そしてお金が生まれた／2012年2月26日放映）。紀元前4千年のメソポタミアの古代都市ウルクから、世界最古のお金として小麦の量を測る土器が大量に出土しました。それ以来、お金とともに人類の文明は急速に発達しましたが、戦争や殺し合いも急増するようになりました。アフリカの未開地でも、商人がお金をもって現れるまでは、ひとびとは平等に平和に暮らしていたのが、お金の取引がはじまったとたんに、ひとびとの絆が崩れていき、顔つきが暗く、悲しく、おびえた表情に変わっていきました。そうしたお金の弊害を是正するために、さまざまな制度、道徳、宗教などの文化が発達し、お金を健全にコントロールしようという努力が積み重ねられてきました。つまり、**人類の歴史は、お金との戦いの歴史なのです**。

60

お金というのは不思議なもので、みんながお金だと思い込むと、それがお金になる。石ころでも、紙切れでも、それがお金だとみんなで決めれば、お金になってしまう。ギリシャ神話のミダス王の話では、さわったものがみんな金になったり、お金と交換してはいけないもの、娘までお金と交換してしまいます。

そもそもお金の本質とはそうした危険なもので、その危険性を抑えるためには健全なコミュニティ、道徳や良識が必要だと思います。つまり、お金の形態をいくら工夫しても、それ自体が危険なものだから、その弊害は是正できないと思います。

*28 シルビオ・ゲゼル……ドイツの実業家、経済学者（1862～1930年）。主著『自然的経済秩序』の中で、時間と共に価値が減っていくお金の制度「自由貨幣」を提案している。通常、ものやサービスなどは時間の経過とともに価値が減っていくのに、貨幣だけは時間が経てば経つほど利息がついていく。そのために資産家と債務者の間に格差ができるという、貨幣制度の欠陥を改善しようとした考え方。

*29 ミヒャエル・エンデ……ドイツの作家（1929～1995年）。代表作の『モモ』では、時間どろぼう（時間を貯蓄する銀行）によって盗まれた時間を取り戻す少女モモの活躍を描いているが、お金や時間に翻弄される現代社会への批判とも読み取れる。

*30 地域通貨……日本国の法定通貨である「円」に対して、市民が一定の地域やグループで流通させるためにつくったお金のこと。ものを買う以外にも、サービスの代価として支払うことができるものもある。お互いの信頼関係のなかで地域通貨を使うことから、あらたなつながりやコミュニティの活性化が期待されている。

Q　東京都の国立市でPPSへの切り替えをはじめられたというお話でしたが、どういう動きをされたのか、ご存知でしょうか。それからPPSも、送電の設備は電力会社のものを使っていると聞いたのですが、その使用料を上げられてしまったら、せっかくの動きも

表2／電力供給を、東京電力からPPSに切り替えた自治体の例

2011年3月11日以降に、新規でPPSを導入した自治体（東京電力管内）

契約年月	自治体名
2011年 4月〜	東京都あきる野市、昭島市
11月〜	東京都国立市
12月〜	東京都羽村市
2012年 1月〜	千葉県流山市
	東京都渋谷区
3月〜	埼玉県吉川市
	東京都小平市、福生市、三鷹市、多摩市、府中市
4月〜	茨城県つくば市、日立市、阿見町
	神奈川県大磯町、真鶴町
	千葉県鎌ヶ谷市
	東京都（都立高校5校）、東京都水道局、稲城市、青梅市、狛江市、調布市、
	東久留米市、東村山市、日野市、武蔵村山市、世田谷区、豊島区
	栃木県、足利市、益子町
5月〜	神奈川県綾瀬市
	栃木県牛久市、つくばみらい市
	埼玉県久喜市、蓮田市、本庄市
6月〜	埼玉県秩父市、ふじみ野市、
7月〜	茨城県小美玉市
	神奈川県秦野市、愛川町、二宮町、葉山町
	埼玉県入間市、八潮市
	静岡県三島市
	茨城県かすみがうら市、取手市
	東京都杉並区
8月〜	茨城県土浦市

2011年3月11日以前からPPSを導入している自治体（東京電力管内）

東京都、立川市、町田市、八王子市、足立区、文京区、練馬区
神奈川県、横浜市、川崎市、平塚市
千葉県、千葉市、
埼玉県、さいたま市
茨城県

いずれも、2012年6月10日までに、朝日新聞に報道された分のみ

下火にならないか、そういうしめつけは起こっていないのでしょうか。

A 国立市の場合は脱原発というより、環境負荷への配慮と経費節減の意味合いが大きいようですね。ほかの市町村でも、市民の陳情などもあって、PPSへの切り替えの動きが続々と出てきているようです。やはり、**市民からの具体的な働きかけや動きが重要だと思います**。

PPSは、需要が増えれば、供給する会社も増えていきます。託送料金として電気料金の1〜2割くらい徴収されているようですが、これは高いだろう、という話があります。いまPPSは注目されていますから、もし託送料金を値上げなどしようものなら、PPS側からも、もっと電力をくらうでしょう。地方自治体も黙ってはいないでしょう。東京電力は総スカンを自由化していこうという議論が起きていますし、託送料金については適正なコストを計算させよう、原発コストをのせることは許さない、といった声や動きが出てきています。状況は変わっていきますから、しっかり目を向けておくことです。

多くのひとが興味や関心をもって、注目し続けることが大事だと思います。それが、原発推進派への牽制(けんせい)にもなるでしょう。

吉原毅

よしわら・つよし／1955年東京生まれ。城南信用金庫理事長。1977年に城南信用金庫に入庫。2006年には副理事長に就任、2010年11月より現職に。福島第一原発事故を受けて、2011年4月に企業として、脱原発を宣言し、もっとも勇気ある金融機関のトップとして、その言動が注目を集めている。

わが子からはじまる
クレヨンハウス・ブックレット 010

城南信用金庫の「脱原発」宣言

2012年8月10日 第一刷発行

著　者　吉原毅
発行人　落合恵子
発　行　株式会社クレヨンハウス
　　　　〒107-8630
　　　　東京都港区北青山3·8·15
　　　　TEL 03·3406·6372
　　　　FAX 03·5485·7502
e-mail　shuppan@crayonhouse.co.jp
URL　http://www.crayonhouse.co.jp
表紙イラスト　平澤一平
図版作成　千秋社
装　丁　岩城将志（イワキデザイン室）
印刷・製本　大日本印刷株式会社

© 2012 YOSHIWARA Tsuyoshi
ISBN 978-4-86101-224-2
C0336 NDC543.5
Printed in Japan

乱丁・落丁本は、送料小社負担にてお取り替え致します。